HISTOIRE

DE

L'AGRICULTURE

EN SAVOIE

HISTOIRE

DE

L'AGRICULTURE

EN SAVOIE

DEPUIS LES TEMPS LES PLUS RECULÉS
JUSQU'A NOS JOURS

Par Pierre TOCHON,

Ancien élève de Grignon, membre de l'Académie de Savoie, membre correspondant de
la Société centrale d'agriculture de France, vice-président de la Société centrale et
du Comice de Chambéry, secrétaire de la Chambre consultative, ancien secrétaire de la Chambre royale d'agriculture et de commerce de Savoie, ancien
professeur d'agriculture et d'économie rurale, officier d'académie,
chevalier de la Légion d'honneur.

Les pays ne sont pas cultivés en raison de
leur fertilité, mais en raison de leur liberté.

MONTESQUIOU.

CHAMBÉRY

IMPRIMERIE DE F. PUTHOD, RUE DU VERNEY

1871

INTRODUCTION

Le livre que nous publions aujourd'hui est le fruit d'une étude longue et consciencieuse de la constitution agricole ancienne et moderne du sol de la Savoie.

Le but de ce travail n'est pas seulement de rappeler les faits chronologiques plus ou moins intéressants qui ont marqué les phases progressives de l'agriculture de notre petit pays.

En fouillant les annales de notre passé agricole, nous avons eu en vue de préciser les conditions économiques toutes spéciales dans lesquelles se meut depuis des siècles l'agriculture de la Savoie ; d'étudier son point de départ et son état actuel ; de faire connaître les procédés de culture mis en pratique pour vaincre les difficultés inhérentes à la nature tourmentée de nos vallées, à la déclivité de notre sol, à la multiplicité des cours d'eau torrentiels qui descendent de nos montagnes ; de décrire les races d'animaux qui peuplent nos campagnes, d'indiquer enfin les habitudes de nos populations rurales.

En retraçant les actes des gouvernements qui se sont succédé dans la domination de la Savoie, pour apprécier les mesures prises en faveur de l'agriculture, nous rappellerons les services que lui ont rendus un grand nombre d'hommes modestes, qui ont travaillé à son perfectionnement, à son amélioration, et dont personne jusqu'à ce jour n'a signalé les états de service.

Cette histoire de l'économie agricole, spéciale aux deux départements de la Savoie, aura de l'intérèt, nous aimons à le croire, pour les agronomes qui désireront connaître le véritable caractère de notre agriculture ; elle contribuera, nous l'espérons, à détruire bien des préventions sur l'état économique de notre beau et riche pays.

Cet ouvrage aura un intérèt spécial pour les agriculteurs de la Savoie, à qui nous le dédions spécialement ; il relèvera l'amour-propre national, en faisant ressortir qu'en agriculture, comme dans les sciences et les arts, la Savoie a constamment suivi la voie du progrès.

HISTOIRE

DE

L'AGRICULTURE EN SAVOIE

LIVRE PREMIER

CONDITION POLITIQUE, ÉCONOMIQUE ET AGRICOLE DE LA
SAVOIE JUSQU'A LA FIN DU XVIIIe SIÈCLE

CHAPITRE PREMIER

L'agriculture chez les Allobroges.

En étudiant l'histoire des peuples les plus renommés de l'antiquité, on est forcé de reconnaître que la prospérité de l'agriculture, que la considération attachée à cette profession, ont toujours été l'apanage de l'état de progrès et de grandeur des nations.

Par contre, tous les empires en décadence ont abandonné les travaux agricoles et avili une profession si digne de considération : c'est ainsi que nous voyons l'agriculture si riche des Égyptiens, des Perses, des Grecs et des Romains, s'appauvrir entre les mains des esclaves auxquels on en avait abandonné le soin.

Encore de nos jours, ne pourrait-on pas dire que le plus ou le moins de perfection apporté aux travaux agricoles d'une contrée est le thermomètre de son état de progrès ; l'agriculture anglaise, suisse, belge et française n'est-elle pas là pour prouver que les nations qui marchent à la tête de la civilisation moderne sont aussi celles qui honorent le plus l'agriculture, qui récompensent les hommes qui travaillent à son amélioration.

Partant de ce principe, l'agriculture des deux départements de la Savoie a dû suivre les phases de la vie morale, intellectuelle et politique des peuples qui l'ont habitée.

On a peu de détails sur les travaux agricoles auxquels se livraient les peuplades qui habitaient la surface actuelle de la Savoie ; beaucoup d'écrivains de la République romaine ont parlé de nos vallées et de nos montagnes : César, Dion, Salluste, Tite-Live et Plutarque se sont appliqués à décrire les mœurs et les usages de nos ancêtres, mais ils ont négligé de nous entretenir de leur agriculture et de leur commerce.

Columelle, Pline l'Ancien, Celse, auteurs latins, Polybe et Strabon, auteurs grecs du siècle qui a précédé et suivi l'ère chrétienne, sont les seuls qui fournissent quelques renseignements sur les produits que la métropole tirait de nos campagnes.

Columelle, né à Gades (Cadix), avait souvent traversé l'Allobrogie pour se rendre auprès d'un oncle qui exploitait de vastes domaines en Espagne ; le second avait aussi beaucoup voyagé ; l'un et l'autre ont parlé avec avantage de nos vins, de nos vaches et de nos fromages.

Columelle, en faisant la classification des cépages qui garnissaient les vignobles de la campagne de Rome, parle de l'un d'eux tiré de l'Allobrogie *(Allobrogica)* : il nous apprend que ce raisin perdait ses qualités en passant les Alpes et donnait un vin inférieur à celui qu'on en obtenait dans son pays d'origine.

Pline pense que le goût de résine, qui caractérise les vins des Allobroges, est dû aux forêts de sapins qui environnaient de toutes parts ces vignobles; mais Columelle, qui en avait étudié la fabrication, ne tombe pas dans cette erreur; il décrit les procédés pour faire les vins poissés, *vinum picatum,* et donne le nom de *corticata* à la résine employée à ce frelatage.

D'après ces renseignements, d'une autorité incontestable, la culture de la vigne dans l'Allobrogie était arrivée à un haut degré de perfection, puisque déjà on imitait les Grecs, qui les premiers apprirent à parfumer, à aromatiser les vins en introduisant dans leur fabrication des substances étrangères.

Ces vins poissés étaient très recherchés à Rome; on les transportait dans des outres enduites d'huile ou de cire; leur prix élevé les faisait réserver pour la table des riches; ils figuraient avantageusement dans les repas des Lucullus, des Antoine, des Apicius, des Galba, des Vitellius. Caton nous apprend lui-même qu'il avait réalisé de gros bénéfices en les imitant avec des vins de la campagne de Rome.

La vigne occupait, à l'époque dont nous parlons, les meilleures expositions, les bords du Rhône et de l'Isère. Léon Ménabréa, dans son travail si remarquable sur les Alpes historiques, pense qu'il faut faire remonter à la domination romaine les plantations du coteau de Montmélian.

Les plaines et les vallons produisaient du froment, de l'orge et de l'avoine, tandis que dans les parties plus rapprochées des Alpes, les Centrons, les Médules et les Garocelles se livraient surtout à l'élevage des moutons, des chèvres, des vaches et des porcs.

Strabon, célèbre géographe grec d'Amasée en Cappadoce, né cinquante ans avant l'ère chrétienne, dit, en parlant de la chaîne des Alpes : « On trouve des terres arables et certaines vallées bien cultivées ; mais vers les sommets, là où sont concentrés les brigands, le froid, l'âpreté du sol, font de ce pays l'image désolante du chaos. Les seuls objets d'échange avec les populations des vallées inférieures sont la poix, la résine, le fromage et le miel. Les Alpes nourrissent des chevaux, des taureaux sauvages et un animal singulier ayant la forme d'un cerf, mais l'encolure et le poil d'un sanglier [1]. » Cet animal *singulier* est sans nul doute le bouquetin qui s'est maintenu jusqu'à ce jour dans nos montagnes, mais qui y est devenu très rare.

Columelle, livre IV, chap. xxiv, nous fournit encore quelques renseignements :

« On préfère, dit-il, aux autres vaches, pour ce qui concerne la nourriture de leurs veaux, celles des Alpes que les habitants de ces contrées appellent *cœvæ* ; elles sont de petite taille et abondantes en lait, raison pour laquelle on leur retire leurs veaux, pour leur faire nourrir de très bon bétail qu'elles n'ont point porté. »

Ce passage se rapporte, on ne peut en douter, à la province des Alpes dont Aime était la métropole.

La *cœva* de Columelle est probablement la vache de Tarentaise ; sa petite taille, ses qualités laitières, se rappor-

---

[1] Traduction donnée par M. Victor de Saint-Genis, *Histoire de Savoie*, tom. Ier, pag. 84.

tent parfaitement à la description qu'il en a faite. Pline le Naturaliste parle aussi d'un fromage venant des Alpes centroniques, appelé *vatusium,* qui était fort apprécié à Rome. On sait, du reste, que de tous temps nos pays de montagne ont alimenté de fromages et de bestiaux les marchés de l'Italie.

Ces citations sont, je le reconnais, bien peu concluantes pour constater l'ancienneté de notre agriculture, pour établir les productions de notre sol à cette époque reculée. Cependant, en arguant du connu à l'inconnu, il est incontestable que les Allobroges se sont livrés avec succès à la culture de la vigne ; or la vigne, partout où on la retrouve, a suivi et non précédé les autres plantes alimentaires ; car toujours il a fallu songer à se nourrir avant de se créer une boisson de luxe.

Du reste, comment ces peuplades, privées de communications faciles avec l'Italie, toujours en guerre, obligées de se déplacer souvent, auraient-elles pourvu à leurs besoins ; comment auraient-elles fourni des vivres et des animaux de transport à Annibal (si réellement il a emprunté notre territoire pour passer les Alpes), et plus tard à tant de légions romaines, si nos pères n'avaient appris de bonne heure à se suffire à eux-mêmes, à pourvoir à leur subsistance, à la fabrication de leurs ustensiles de ménage, de leurs vêtements et de leurs armes. Ces arts, ces industries usuelles, ils avaient dû les apprendre dans les émigrations temporaires de leurs populations ; elles avaient lieu alors comme aujourd'hui, seulement à cette époque les émigrants formaient des milices auxiliaires qui allaient guerroyer au loin, tandis que maintenant ils mettent leurs bras à la disposition de l'agriculture et de l'industrie.

CHAPITRE II.

L'agriculture de la Savoie pendant l'occupation romaine.

Les Romains, en s'établissant dans l'Allobrogie vaincue et affaiblie soixante-un ans avant l'ère chrétienne et trente-cinq ans plus tard dans le pays des Centrons, trouvèrent les peuples belliqueux de ces contrées assez avancés en civilisation pour profiter de tous les avantages que leur promettait la domination des fiers conquérants du monde, qui tenaient, comme nous l'apprend Cicéron, à être agréables à ces montagnards indomptables pour se les attacher par la reconnaissance.

Bientôt, en effet, de belles routes s'ouvrirent dans toutes les directions; des villes, des temples, des maisons d'agrément, se bâtirent avec un luxe jusque-là ignoré ; les industries que le riche fait vivre ne tardèrent pas à se développer et fournirent un emploi utile aux bras nombreux que la cessation de l'état permanent de guerre rendait disponibles. Au milieu de cette impulsion générale, de cette mise en action d'un peuple actif et intelligent, l'agriculture dut profiter des progrès déjà réalisés, des travaux, des écrits des Caton, des Varron, des Pline, des Columelle et de tant d'autres qui, à Rome, prêchaient d'exemple. L'amélioration du sol était, du reste, une nécessité pour faire face aux charges nouvelles qu'on lui imposait.

L'occupation romaine fut sans nul doute, pour nos ancêtres, une époque de prospérité, et lorsqu'après cinq siècles les Romains furent remplacés par les Burgondes, nos ancêtres durent regretter les mœurs policées, les lois équitables, les charges légères et surtout la liberté dont ils avaient joui sous leur domination.

L'agriculture s'enrichit, à cette époque, de toutes les plantes que Rome avait tirées de l'Asie, et qui demandaient plus de raffinement de culture que les céréales. Nous devons aux Romains l'introduction de plusieurs fruits, de légumes frais et secs, de l'oignon, du chou, de l'échalotte, du navet, du panais, du millet, des pois, des pois-chiches, des haricots, de la vesce, des carottes et du lin.

La luzerne, quoique répandue en Italie depuis plus de trois siècles avant l'ère chrétienne, ne paraît pas avoir été apportée dans l'Allobrogie, ou tout au moins, comme nous le dirons tout à l'heure, elle ne s'y est pas maintenue.

La charrue de la Savoie a eu indubitablement pour type l'araire romain; on l'a modifié et amélioré dans nos plaines, mais il a conservé sa forme primitive sur les deux versants des Alpes grecques, en Tarentaise et dans la vallée d'Aoste, où on continue à le construire et à le diriger avec les mêmes harnachements que du temps des Romains.

Il paraît, du reste, que tous les animaux domestiques qui peuplent nos vallées et nos montagnes étaient connus des premiers habitants de nos pays : le bœuf était surtout utilisé dans les plaines, le cheval et le mulet servaient au transport des hommes et des marchandises; c'est avec la toison des moutons qu'on tissait les vêtements d'hiver; la vache était entretenue pour son lait, avec lequel on fabriquait des fromages; enfin le porc, élevé à l'état domestique et dans les bois, pour sa viande et sa graisse, formait l'objet d'un commerce lucratif.

Tous ces faits résultent de l'ensemble des ouvrages que

nous avons indiqués, sans qu'on trouve nulle part une citation qui les réunisse.

Il ressort de ce qui précède que jusqu'au milieu du v⁰ siècle l'agriculture de nos contrées fut prospère et dut même atteindre un certain degré de perfectionnement entre les mains des propriétaires primitifs du sol, que des vainqueurs généreux avaient instruits sans les déposséder.

A cette époque, les diverses peuplades qui habitaient la Savoie actuelle durent subir, comme la plupart des nations de l'Europe, l'invasion des hordes du nord; seulement leurs montagnes élevées, leurs vallées profondes, n'attirèrent que tardivement leur attention, et lorsqu'elles s'y établirent, elles avaient perdu, au contact des peuples civilisés, la barbarie qui avait signalé leurs premières étapes dans les Gaules.

CHAPITRE III

L'agriculture de la Savoie sous les Burgondes, les Francs et la Féodalité.

Les Romains avaient conservé à nos pères vaincus leurs terres , leurs usages et leur religion ; les charges qu'ils leur imposèrent dans le principe, étaient équitables ; mais plus tard les luttes des hommes qui se disputaient le pouvoir, la nécessité d'entretenir de nombreuses légions pour résister aux hordes envahissantes qui menaçaient l'intégrité de l'empire, firent exiger de si lourds sacrifices , que le joug des Burgondes vaincus , qu'Aétius cantonna dans nos montagnes, fut accepté comme une délivrance : s'ils prirent une partie des terres et des esclaves , ils adoucirent ce partage, légitimé par des circonstances toutes spéciales, en proclamant l'égalité des anciens et des nouveaux sujets de Rome.

Dès cette époque , les guerres incessantes que se livrèrent les Bourguignons et les Francs et successivement les empires d'Orient et d'Occident, rendirent nos pères tour à tour esclaves ou victimes des chefs barbares qui se disputaient le pouvoir.

Les Sarrasins, en pénétrant en 894 en Maurienne, en Faucigny, en Tarentaise, mirent le comble à la misère et à la désolation de ces provinces qu'ils saccagèrent de fond en comble ; ils les conservèrent cinquante ans.

La féodalité, née de ces bouleversements politiques, fut définitivement constituée par les Francs. Si nous parcourons l'échelle sociale qu'elle s'est appliquée à constituer, nous trouvons le cultivateur du sol placé au dernier éche-lon; suivons cette hiérarchie qui commence aux grandes familles, aux hauts barons relevant directement de l'em-pire; l'ordre équestre ou petits barons prenaient le se-cond rang; les chevaliers, les vavasseurs ou hommes libres passaient après, tous hommes de guerre; le cinquiè-me ordre était celui des propriétaires libres ou de franc-alleu; le sixième, les vilains ou villageois, affranchis et propriétaires, mais attachés à la glèbe; enfin venaient les serfs, formant la classe agricole; elle représentait les deux tiers de la population : « C'était, dit M. Costa de Beaure-gard dans ses *Mémoires historiques sur la Maison royale de Savoie*, des ilotes voués aux travaux des champs, à qui l'usage des armes était interdit, qui ne devaient jamais quitter le sol natal, qui ne connaissaient point les dou-ceurs de la propriété et auxquels il n'était permis ni de se marier ni de tester sans le consentement de leurs seigneurs, lesquels étaient les maîtres de lever sur eux des contribu-tions arbitraires, et comme, selon la coutume des Francs et des Bourguignons, la longueur de la chevelure indiquait le degré de la noblesse, les serfs, en signe de leur condi-tion, devaient tenir sans cesse leurs cheveux coupés au ras de la tête. »

Plus loin, dans le même ouvrage, M. Costa apprécie le régime féodal au point de vue de l'accroissement de la population : « Le système féodal, dit-il, né parmi les nations septentrionales qui renversèrent l'empire romain, avait eu, dans son origine, assez de régularité. Ses plus grands détracteurs ont été forcés de convenir qu'en multi-pliant à l'infini les centres de puissance, sans détruire l'unité du pouvoir, il fut très favorable à la population, peut-être même au bonheur de l'Europe; puisqu'il est reconnu que jamais nos contrées n'eurent autant d'habitants que sous son influence. »

Pufendorf, économiste de la fin du xviie siècle, Montesquieu et Claude Villaret, qui écrivaient dans la première moitié du xviiie, avaient constaté les mêmes résultats, qui, du reste, ne sont plus contestés aujourd'hui au point de vue de l'ensemble des contrées soumises à ce régime.

Cet accroissement de population est considéré comme un indice de prospérité toutes les fois qu'il s'allie avec la liberté individuelle ; il n'en est pas de même lorsque le servage est la condition du plus grand nombre , quand même les hommes libres sont soumis à des lois restrictives qui entravent leur liberté d'action et les fixent forcément au sol qui les a vu naître ; c'est ce qui se produisait sous le régime de la féodalité.

Déjà nous avons appris de M. Costa la dure condition des serfs ; Claude Genoux, dans l'introduction de son *Histoire de Savoie*, publiée à Annecy en 1852, nous dira les libertés dont jouissaient les hommes considérés comme libres :

« Or, en Savoie, dit-il page 51 , vers le xe siècle, tout homme libre , possédant quatre fermes (menses), était considéré comme noble quant aux charges à remplir envers l'État... Mais des propriétaires plébéiens possédant quatre fermes, il y en avait peu dans un pays où le clergé et la noblesse étaient tout-puissants ; en revanche, il y avait beaucoup plus d'affranchis ne possédant qu'un champ et une cabane ; malheureux qui, sans être esclaves de par la loi féodale , ne l'étaient pas moins par le fait de leur pauvreté.

« Avec un tel ordre de choses, comment ces vilains auraient-ils pu s'affranchir réellement sans s'expatrier?

Mais alors l'entrée de presque toutes les vallées de notre Savoie était soumise à un droit de péage de la part des seigneurs. Aussi restaient-ils forcément sur leur terre de misère. Oui, nul ne pouvait voyager, transporter des denrées d'une vallée à l'autre, sans être forcé de payer un droit de route toutes les fois qu'il traversait les possessions territoriales d'un nouveau manoir.

« A ces entraves, joignons aux droits du seigneur des priviléges de toute sorte; après avoir accompli la corvée, payé le fisc, le paysan libre devait s'acquitter des grosses dîmes, c'est-à-dire donner au seigneur la dixième partie du grain et du raisin qu'il récoltait; ensuite c'étaient les *vertes dîmes* sur les légumes et le chanvre; les *dîmes novales* sur les terres vierges que le laboureur avait défrichées! Puis venait, toujours pour le seigneur, le droit de chasse avec défense au paysan libre ou serf de tirer un coup de flèche à un oiseau; le *droit de pêche* et défense au paysan de s'approcher des rivières et des étangs. Enfin le *droit de garenne*, le *droit de colombier*, terminaient cette liste. »

On comprendra sans peine que des populations soumises à des conditions aussi avilissantes, complètement privées d'initiative, d'instruction, découragées par les charges de toute nature qui pesaient sur elles, durent perdre rapidement le souvenir des traditions agricoles de la domination romaine.

Aussi voyons-nous les famines se succéder à des époques très rapprochées, puis la peste, conséquence de la misère, décimer à son tour des populations soumises à tant de genres de privation.

Que devenait la vigne dans les tristes conditions imposées à ses exploitants? Léon Ménabréa, dans ses *Alpes*

historiques, rappelle la seule charte où il en soit question ; elle remonte au xe siècle : il s'agit du vignoble
de Monterminod, *Mons Ermenaldi,* qui appartenait alors
à un Aymon de Pierre-Forte, officier des rois de Bourgogne, et fut transféré par lui, à titre de donation,
au vénérable Odilo, abbé de Cluny, « afin de recon-
forter et mettre en liesse les bons moines de cette abbaye,
qui venaient de fonder une colonie sur les bords du
lac du Bourget, appelé alors le lac de Châtillon, *lacus
Castellionis.* »

Dans ce même ouvrage , M. Ménabréa rappelle que
Ganfried, abbé de Hautecombe en 1180 , appelle Montmélian, *Mons Melioratus,* c'est-à-dire mont amélioré, vou-
lant sans doute indiquer par cette épithète un progrès
cultural, dû peut-être à la plantation du célèbre vignoble
de ce nom.

Depuis le moment où, en 1033 , l'empereur Conrad le
Salique reconnut Humbert aux Blanches – Mains comte
souverain de Maurienne , jusqu'à 1713, où ses successeurs
arrivèrent à la royauté, les comtes et les ducs qui se
succédèrent étaient trop occupés à guerroyer, à étendre
leur pouvoir, pour qu'ils eussent le temps de songer à
améliorer le sort des habitants des campagnes ; aussi, peu
de progrès se sont réalisés pendant la longue suite de
siècles écoulés après la domination romaine. Les rares
historiens qui ont jeté un regard sur cette pauvre Savoie,
si fidèle et si tourmentée , ont dit un mot de l'état moral
de ses populations, de ses sites pittoresques, de ses vallées
qui frappaient plus particulièrement leur attention, mais
ils se sont tus sur l'état de son agriculture.

Il faut arriver à 1634 pour avoir, non point une description de sa culture, mais un mot sur sa statistique agricole.

C'est Mallet-Manisson, visitant la Savoie en 1634, qui nous le fournit ; nous l'empruntons nous-même à Grillet :

« Les hautes sommités des montagnes de la Savoie sont ordinairement inhabitables et même inaccessibles à toute culture. Des pâturages, où on élève une grande quantité de bestiaux, couvrent les plateaux intermédiaires. Les collines inférieures et le fond des vallées sont ordinairement consacrés seuls aux travaux de l'agriculture, on y recueille assez de blé ou d'autres denrées et beaucoup plus de vin qu'il n'en faut pour la consommation des habitants ; les campagnes fournissent du gibier et les lacs du poisson en abondance. »

On ne doit pas s'étonner de voir l'histoire de l'agriculture si pauvre de renseignements sur son passé, quand on se rappelle que jusqu'au XIIᵉ siècle les maisons religieuses seules eurent des archives à demeure ; plus tard, les villes constituèrent aussi leurs chartriers destinés surtout à rappeler les titres sur lesquels se fondaient leurs franchises, les discussions incessantes que leur suscitaient les seigneurs féodaux, leurs voisins. Les documents parvenus jusqu'à nous se taisent sur les diverses productions du sol de la Savoie ; on y trouve, il est vrai, le prix des denrées alimentaires, fixé par des règlements ; mais, outre que ces prix déterminés arbitrairement variaient d'une ville à l'autre, la rareté du numéraire et sa valeur élevée ne nous permettent pas d'établir une juste comparaison entre les prix d'alors et ceux d'aujourd'hui.

Les ordres religieux, Bénédictins, Chartreux et de Cîteaux, qui les premiers se constituèrent en communauté, et plus tard leurs nombreuses réformes, toutes livrées par humilité aux travaux agricoles, conservèrent, on ne peut en douter, les traditions de la culture améliorée que nous avait laissées l'occupation romaine ; mais ces ordres, qui furent le refuge et le foyer de la science au milieu de la barbarie, se contentaient de prêcher d'exemple, et leurs mémoires ne font que rappeler de loin en loin les routes qu'ils ont ouvertes, les torrents qu'ils ont digués, les bois qu'ils ont défrichés, les plantations fruitières, les pâturages et les cultures qu'ils ont transformés en les arrosant de leur sueur.

Du reste, rien de saillant ne pouvait se produire pendant cette longue succession de siècles, qui nous représente la terre exploitée, pour le compte des seigneurs, par des hommes qu'avilissait le servage, auxquels on imposait toutes sortes de privations et qu'on croyait dégrader davantage en les soumettant exclusivement au service du sol.

Léon Ménabréa, dans le Compte-rendu publié en 1846 des travaux de l'Académie de Savoie, nous fournit une preuve de l'heureuse influence qu'exerçait déjà à cette époque sur les habitants de nos montagnes la liberté individuelle ; l'exemple remonte au XIIIᵉ siècle :

« L'abbaye de Sixt, dit M. Ménabréa, avait obtenu en 1200, de Guillaume, seigneur de Faucigny, la cession d'une quantité considérable de forêts et de terres désertes, *multa nemora, multa etiam deserta loca ;* ce prince lui avait également accordé la faculté d'amener en ces lieux des colons albergataires, sous condition expresse que les nouveaux-venus jouiraient d'une pleine et entière liberté.

« Les effets de cette concession furent prompts : l'agriculture et l'industrie étendirent leurs bienfaits au sein de ces gorges sauvages, et l'on voit qu'à la fin du XIIIᵉ siècle, les moines de Sixt exploitaient avec avantage une mine de fer qui l'a été encore de nos jours. »

CHAPITRE IV

Renaissance de l'agriculture de la Savoie.

La renaissance de l'agriculture a sa date marquée dans l'histoire des peuples et des empires : elle remonte à la chute de la féodalité ; elle a son point de départ à l'affranchissement de la terre, à la régénération morale et intellectuelle de ses exploitants.

Plus heureuse que le royaume de France, qui dut attendre la révolution de 1789 pour faire disparaître le servage féodal inauguré quatorze siècles auparavant par l'invasion des Francs, la Savoie rappelle avec un certain orgueil national les édits d'affranchissement des 23 janvier 1562 et 25 août 1565, proclamés par le duc Emmanuel-Philibert : ces édits atteignaient tous les taillables, ils prescrivaient le mode d'évaluation des biens personnels, fixaient les sommes que chacun avait à payer et nommaient les conseillers spéciaux qui devaient faire mettre ces règlements à exécution.

Dès 1771, Charles-Emmanuel avait effacé les dernières traces de la féodalité par son édit sur les affranchissements et en 1789, lorsque la révolution française éclata, la Savoie en avait payé en entier le prix.

Ces conditions exceptionnelles expliquent le calme relatif avec lequel cette révolution s'est accomplie dans nos provinces et le peu de succès qu'ont obtenu les décrets de proscription qui ont mis en deuil le reste de la France.

CHAPITRE V

Origine des biens communaux.

Au commencement du xviiie siècle, les communes
urbaines et rurales de la Savoie étaient légalement consti-
tuées; les unes et les autres, mais surtout les dernières,
se trouvaient en possession de biens communaux d'une
grande importance; ces biens comprenaient non-seulement
des terres cultivées, des prés, des bois, des marais, des
pâturages et des terres vaines, mais encore des maisons,
des moulins, des artifices, etc.

M. Despines, dans son *Essai sur les biens communaux*,
publié en 1837 (VIIIe volume des *Mémoires de l'Académie*),
en explique la provenance de la manière suivante :

« On doit supposer que le principe de la féodalité, qui
dérivait du droit de conquête, ayant attribué aux seigneurs
la totalité du territoire, ceux-ci le concédèrent à leurs
vassaux pour le mettre en culture, quelquefois à titre
onéreux, mais le plus souvent à titre gratuit, et que de
là datent les premiers droits qu'ont acquis les communes
à ces propriétés.

« Ces communaux se sont ensuite augmentés, soit
par des donations particulières, soit à l'aide de réunions
formées par des propriétaires pour exploiter leurs pâturages en commun, soit par des terrains devenus vacants
par l'abandon de leurs possesseurs, soit enfin avec des
acquisitions contractées par les communes, ainsi qu'elles
le pratiquent encore souvent aujourd'hui. »

CHAPITRE VI

**Constitution de la propriété parcellaire en Savoie ;
cadastration du sol , assiette et péréquation de
l'impôt.**

ORIGINE DU CADASTRE. — Dans le principe de l'établissement du régime féodal, l'impôt fut arbitrairement fixé : le
seigneur , maître du fonds exploité et de l'exploitant,
était guidé dans ses exigences par ses besoins et sa cupi-
dité ; les qualités de son cœur pouvaient seules le rendre
modéré et équitable vis-à-vis de ses serfs attachés à la
glèbe, sur lesquels il exerçait un pouvoir absolu.

Plus tard, le seigneur féodal dut compter avec les affranchis et les petits propriétaires libres qui vivaient sous sa
protection , l'impôt commença dès lors à être réglementé.

C'est à ce moment qu'on voit apparaître le *capistatrum*,
que la langue française transforme d'abord en *capdastre* et
plus tard en *cadastre*.

Le *capistatrum* était un registre à souche , *sougs*, sur
lequel on inscrivait la redevance due par tête par tous les
habitants d'un fief pour la protection que leur accordait
le seigneur.

Cette redevance fixe était payée par fractions égales,
déterminées à l'avance ; celui qui était chargé d'en opérer
le recouvrement remettait à chaque contribuable la moitié
d'un petit rondin de bois, gardant la seconde moitié ; lorsqu'on faisait un payement, on rejoignait les deux parties
du rondin et on marquait cet à-compte au moyen d'une
entaille faite avec un couteau, comme, du reste, cela se
pratique encore de nos jours dans quelques boulangeries ;

c'est l'origine de l'acception du mot *taille*, appliqué à l'impôt, *payer la taille*, *taillable*.

Ce système primitif de cadastration fut pratiqué pendant que l'impôt était dû au seul seigneur ; mais lorsque la féodalité eut perdu une partie de son prestige pour faire place à une autorité supérieure ; lorsque la mobilité de la propriété eut augmenté le nombre de ses détenteurs ; lorsque l'impôt dut subvenir aux besoins du souverain, pourvoir aux divers services d'un État, il ne fut plus possible de maintenir sa fixité primitive, il subit les fluctuations de la bonne ou de la mauvaise fortune de nos comtes, de nos ducs et plus tard de nos rois.

PREMIER MODE DE PÉRÉQUATION DE L'IMPÔT. — La première modification qu'on fit subir en Savoie au cadastre féodal pour le mettre en rapport avec la mobilité de la matière imposable fut d'obliger chaque propriétaire, que ses titres, ses fonctions ou la nature de ses biens n'exonéraient pas de l'impôt, de faire la déclaration de la valeur de ses avoirs mobiliers et immobiliers et des revenus qu'il en obtenait.

Cet essai de répartition de l'impôt proportionnellement à la quotité du revenu fut adopté en Savoie en 1455, en vertu des lettres-patentes du duc Louis, du 20 avril 1454 ; on l'appliqua sans modifications jusqu'au moment où l'édit de Charles-Emmanuel Ier, du 24 mars 1584, changea ce mode d'apprécier la fortune publique.

LE CADASTRE BASÉ SUR L'ÉVALUATION PAR EXPERTS DU REVENU DES CONTRIBUABLES. — La faculté laissée à chaque contribuable d'évaluer la valeur de sa fortune eut pour conséquence de charger le tiers-état presque seul des impôts ; c'est, du reste, ce qui résulte du préambule de l'édit de 1584, dont nous croyons devoir citer quelques passages :

« Tant occasion de ce que plusieurs riches et opulens
« se sont fait distraire et exempter, soit par moyen de
« titre et privilége de noblesse nouvellement acquise, ou
« usurpé, accords faits avec les communautés, offices ou
« charges publiques qu'ils ont à ces fins recherchés, que
« pour les cotisations imposées au lieu de leur domicile
« pour l'universel de leurs biens, desquels ou de la plu-
« part d'iceux les péréquateurs n'ont pu scavoir la valeur,
« a esté la cause que la principale fonte et surcharge est
« demeurée sur les bras des moins aisés. »

Pour remédier à cet état de choses, Charles-Emmanuel ordonna qu'à l'avenir l'évaluation des biens et de leurs revenus, qui formait l'assiette de l'impôt, fût faite dans les paroisses où ils se trouvaient, non plus par le propriétaire lui-même, mais par des experts :

« Seront dors-en-avant icelles tailles et gabelles im-
« posées par les sindics et péréquateurs des paroisses et
« ceux qui seront à ce commis et députés, indifféremment
« sur tous les habitants et autres contribuables ayant pos-
« session dedans et rière les fins d'icelles paroisses le
« plus justement et également que faire se pourra... »

Plus loin, pour éviter les abus signalés dans le préambule cité, il détermine les qualités des personnes qui seules doivent être exemptées des tailles et gabelles et les conditions spéciales à remplir pour jouir de cette faveur.

Ces exemptions étaient encore nombreuses ; elles s'appliquaient aux biens anciens du patrimoine de l'Église, à ceux des gentilshommes non vassaux, issus d'ancienne race, à ceux des officiers de service qualifiés du titre de conseillers du corps souverain, du contrôleur des guerres et des secrétaires en service.

L'édit de Charles-Emmanuel, qui avait pour but d'atteindre le plus grand nombre de contribuables possible, dut être complété par la lettre adressée au Sénat de Savoie le 8 septembre 1584, relative à la vérification des lettres d'exemption; par un édit du 1er octobre, ordonnant de soumettre à la cadastration tous les biens des étrangers; par un deuxième édit du 16 mai 1586, réglant le mode de répartition; par un troisième édit du 1er juillet 1601, déterminant la marche des opérations des commissaires députés dans les paroisses de Savoie pour contrôler les opérations partielles.

Ce ne fut que quinze ans après sa publication que l'édit de 1584 put être mis en application; il eut pour conséquence de rendre l'impôt moins onéreux à la petite propriété.

Depuis ce moment, en effet, l'assiette des charges publiques ne reposait plus sur l'arbitraire, conséquence de la déclaration personnelle; il ne fut plus possible au propriétaire de cacher une partie de sa fortune territoriale, lorsqu'on la fit évaluer séparément, dans chaque paroisse où elle se trouvait, par des syndics et péréquateurs choisis par les contribuables eux-mêmes, connaissant l'étendue et le prix des biens qu'ils étaient appelés à évaluer.

Ce premier essai de cadastration, pour arriver à une équitable répartition de l'impôt, fut incontestablement un progrès à un moment où le cadastre, tel que nous le comprenons aujourd'hui, n'aurait pu être appliqué qu'aux seules terres qui ne relevaient pas d'un fief; aussi Charles VII de France, qui en eut, dit-on, la première idée, et plus tard Colbert, tentèrent-ils vainement de l'exécuter. Il fallut attendre, pour le mettre en pratique, que l'industrie et le commerce eussent généralisé l'aisance, eussent mis entre les mains du tiers-état assez de fortune pour lui permettre de devenir à son tour propriétaire foncier, en profitant soit des besoins qui naquirent des guerres continuelles, où les seigneurs devaient suivre le souverain, soit du luxe des cours où ils tenaient à briller en temps de paix.

LE CADASTRE BASÉ SUR LE REVENU DU SOL D'APRÈS SA SURFACE. — Le cadastre basé sur le revenu du sol, d'après sa surface, fut entrepris par la régente Jeanne-Baptiste deux ans après la mort de Charles-Emmanuel II ; la première application en fut faite dans les États sardes du Piémont, en vertu d'un édit du 5 janvier 1677.

L'auteur de cet édit, ne soupçonnant pas les difficultés innombrables que son exécution devait rencontrer, somme les syndics, les consuls, les conseillers et les administrateurs des villes et des campagnes de fournir, dans le délai d'un an, la surface exacte de toutes les parcelles de terre et constructions comprises dans le périmètre de leur commune.

Cette mesure resta longtemps sans résultat, et aux dates des 4 juillet 1682, 2 octobre 1688, 1er juillet 1689, la Chambre des comptes en recommandait encore l'exécution.

Ce fut en mai 1716 que l'état de ce cadastre permit de commencer les opérations de vérification ; en mai 1721, on fit la reconnaissance des biens exempts de l'impôt foncier ; enfin en 1731, on en commença l'application. Ce travail, qui, dans les vues de la régente, devait être achevé en une année, ne dura pas moins de cinquante-quatre ans.

Victor-Amédée II n'attendit pas la fin de la cadastration ordonnée par sa mère en Piémont, pour en poursuivre l'application dans les autres parties de ses États. En 1702, il fit commencer celui du comté de Nice ; en 1728, celui du duché de Savoie ; en 1752, son successeur Charles-Emmanuel II fait cadastrer le baillage de Ternier et Gaillard , et en 1767, le duché d'Aoste.

Dès le commencement du xviiie siècle, l'établissement d'un cadastre régulier était devenu une nécessité pour le duché de Savoie ; à ce moment, en effet, la propriété parcellaire prenait un grand développement ; les communes, de même que la plupart des détenteurs du sol, n'avaient souvent d'autres titres que la possession ; il en résultait des contestations innombrables, qu'on ne savait comment terminer, parce que les limites des héritages limitrophes, qui en faisaient le principal objet, ne s'appuient sur aucun titre capable de servir de contrôle aux assertions des intéressés.

Ce fut pour mettre un terme à cet état de choses et donner une assiette fixe et légitime à la péréquation de l'impôt foncier, que Victor-Amédée II, par ses lettres-patentes du 9 avril 1728, ordonna la cadastration de la Savoie ; commencé soixante-sept ans avant le cadastre de la France , qui date de 1802, il fut rendu exécutoire par un édit de Victor-Emmanuel, du 15 septembre 1738.

Ce cadastre , qu'Adam Smith ne craint pas d'appeler *admirable,* nécessita dix années de travail consécutif et occasionna une dépense de quatre millions ; Jean-Jacques Rousseau y travailla en 1732. Exécuté en grande partie par les personnes qui avaient dirigé celui de Nice et du Piémont, il fut à l'abri de toutes les fausses manœuvres, de toutes les erreurs qui naissent de la mise en pratique d'une innovation aussi compliquée que l'était celle de la création d'un cadastre.

L'exactitude des opérations graphiques étaient plus alors qu'aujourd'hui une nécessité, car la forme et la mesure de chacune des parcelles reproduites sur la mappe allaient devenir un titre souvent unique de propriété par le fait de sa cadastration au nom du possesseur.

On a reconnu au cadastre de 1738 une reproduction si parfaite du sol de la Savoie, qu'on l'invoque encore de nos jours pour constater les limites des propriétés en litige.

La lettre à cachet du roi Charles-Emmanuel III, du 22 décembre 1738, donne la répartition de la taille royale sur tous les immeubles sans exception du duché de Savoie : elle s'élevait à 999,212 livres 19 sols 6 deniers.

La taille royale a été calculée sur la base d'un cinquième du revenu net, après avoir prélevé sur ce revenu un soixante-seizième pour faire face aux erreurs de calcul ou d'évaluation qui avaient pu se produire.

Un édit du 8 avril 1739 prévoit le cas où la matière imposable serait détruite par la tempête, la grêle ou l'incendie ; il indique les formalités à remplir pour jouir de la réduction de l'impôt, qui, du reste, avant comme après cette disposition législative, n'a jamais été exigé des victimes de ces accidents.

La nouvelle péréquation donna lieu à peu de réclamations de la part des contribuables ordinaires ; mais, en 1759, la vérification des biens féodaux et du patrimoine de l'Église, exemptés de l'impôt foncier, n'était point encore achevée.

Le cadastre fit reconnaître que le sol de la Savoie, d'une surface totale de 1,007,199 hectares, déduction faite du lit des torrents, des rivières et des lacs, appartenait, à concurrence de 468,790 hectares, aux communes, et de 538,409 hectares aux habitants du duché de Savoie.

Le morcellement était déjà alors considérable, puisqu'il est résulté des opérations graphiques 1,855,114 numéros, évalués séparément.

Les revenus des biens féodaux n'étaient plus, à cette

époque, que de 79,429 fr., ils se trouvaient réduits, par suite des édits d'affranchissement, au fief proprement dit, c'est-à-dire au sol du manoir principal , entouré de quelques parcelles de terres, appelées *le vol du chapon.*

Les propriétés communales, qui en 1738 occupaient à peu près la moitié du sol de la Savoie , ont été considérablement réduites dès lors par les aliénations qui en ont été faites et par leurs partages autorisés par la loi du 10 juin 1793.

Nous nous sommes beaucoup étendu sur les opérations du cadastre, plus peut-être que nous n'aurions dû le faire, mais à nos yeux le décret royal qui l'a ordonné est un des faits mémorables de l'histoire de notre agriculture , parce qu'il fut appelé à consacrer l'émancipation du sol et de ses nombreux exploitants.

La cadastration uniforme de la Savoie n'eut pas pour conséquence de diminuer l'impôt pris dans son ensemble, elle le rendit plus équitable.

L'arbitraire dut forcément cesser le jour où le possesseur du sol vit sa propriété reconnue, le jour où le rendement net d'un champ, d'un pré ou d'un bois, combiné avec leur surface, servit à déterminer l'impôt unique, équitable et permanent mis à sa charge.

La corvée , devenue une prestation individuelle pour l'entretien des chemins, fut la seule charge personnelle imposée indistinctement à tous les exploitants du sol ; elle ne conserva que son nom féodal ; ce ne fut plus un labeur exigé au bénéfice d'un seul, mais bien le travail de tous les usagers dans l'intérêt commun, nous lui devons l'établissement de la plupart de nos chemins vicinaux.

L'impôt du sang, le service militaire , naquit des changements survenus dans l'état social de notre pays ; mais, bien que l'agriculture lui ait fourni un contingent toujours préjudiciable à l'amélioration du sol, nous ne devons pas nous en plaindre , puisqu'il fut la conséquence de l'émancipation, de la réhabilitation des classes rurales.

CHAPITRE VII

Les forêts de la Savoie au XVIIIe siècle.

Au commencement du xviiie siècle, sur un peu plus d'un million d'hectares formant la superficie de la Savoie, il en existait deux cent mille en terrains boisés ; les trois cinquièmes de ces bois appartenaient aux communes, aux corps administrés et à l'État ; deux cinquièmes seulement aux particuliers. Les sept douzièmes, c'est-à-dire plus de la moitié de la surface boisée, étaient en vieilles futaies ; le surplus se trouvait en taillis et broussailles.

La meilleure partie des futaies, à l'époque dont nous parlons, se conservait vierge, leur accès difficile en rendait l'exploitation à peu près impossible ; il n'en était pas de même des taillis appartenant aux communes : destinés à l'affouage des habitants des campagnes, ils se trouvaient journellement dilapidés ; étant la propriété de tous, ils n'étaient surveillés par personne, et leur pâturage intempestif ne tardait pas à convertir en broussailles les meilleures cépées.

Du reste, ces bois avaient si peu de valeur, lors de la péréquation du cadastre, que bon nombre de propriétaires les abandonnèrent aux communes pour éviter de payer l'impôt qui allait les atteindre, se réservant pour seul correspectif un nombre limité de parts d'affouagers.

Dès lors l'accroissement de la population, son aisance, la division du sol, la création de chemins d'exploitation, en ont rapidement augmenté la consommation, et, comme conséquence immédiate, son prix s'est beaucoup élevé.

M. Papa, inspecteur des forêts sous le régime sarde, dans une brochure publiée en 1853 sur les forêts de la Savoie, nous fournit des indications précieuses sur la valeur d'un hectare de bois taillis de 1747 à 1853 :

« Un hectare de taillis de vingt ans d'âge, nous dit M. Papa, se vendait en moyenne 66 fr. en 1747, 600 fr. en 1786, 1,000 fr. en 1805, 2,500 à 3,000 fr. en 1853. »

Sans admettre cette dernière évaluation, qui est évidemment erronée, il n'en est pas moins constant que l'élévation progressive du prix des bois de construction et de chauffage a engagé les particuliers d'abord, puis les communes et même l'État, à vendre de grandes surfaces de futaies, et, malgré la fécondité remarquable de notre sol, une partie de ces forêts est restée sans repeuplement ou s'est regarnie d'une manière incomplète.

Si cette destruction partielle s'était continuée, notre pays, formé de montagnes et de pentes où la culture s'entremêle aux bois, aurait eu beaucoup à en souffrir; car, dans les conditions spéciales où nous nous trouvons, les bois retiennent les eaux dans les moments de fortes pluies, ils empêchent le ravinement et les avalanches, modèrent l'impétuosité des vents et forment des abris favorables à la culture.

La conservation des forêts a été, de tout temps, l'objet de nombreux règlements généralement mal observés; la majeure partie de ces bois appartenant aux communes, c'est dans leurs annales qu'on retrouve les traces des efforts qu'on a faits pour les protéger.

Avant l'édit de péréquation du 15 septembre 1738, qui a créé des conseils communaux partout uniformes, chargés de surveiller la bonne administration des biens des communes, les forêts étaient administrées par l'assemblée des chefs de famille, sans l'immixtion du gouvernement; leurs décisions, sous le nom de *bans champêtres*, devenaient exécutoires après avoir reçu l'approbation du Sénat.

Ces réunions nombreuses, leurs assises répétées, parurent attentatoires aux droits du souverain; aussi, déjà avant 1738, en avait-on diminué le nombre et limité les personnes qui devaient y prendre part.

Les conseils uniformes installés dès l'année 1739 furent chargés, à leur tour, de la conservation et de l'aménagement des forêts; ils ne pouvaient en consentir la vente qu'avec l'autorisation du Sénat; des lettres patentes des 18 mai 1756 et 11 septembre 1759 transportèrent ce droit aux intendants.

Sous le régime français, les lois des 14 décembre 1789, 28 août 1792 et 10 juin 1793, autorisèrent le cantonnement, puis le partage des bois; celle du 20 mars 1813 les affectait à la caisse d'amortissement pour en opérer la conversion en rente. Depuis 1815, les ventes partielles des forêts furent de nouveau autorisées pour fournir aux besoins des communes.

Comme on le voit par l'énumération rapide des lois et règlements qui régissaient la gestion des biens des communes, tous autorisaient et même ordonnaient leur aliénation partielle; les communes en profitèrent si largement que le gouvernement sarde crut devoir revenir sur ses précédentes décisions et changer cet état de choses en ordonnant, par la loi du 1er mars 1832, que tous les actes des communes ayant pour objet des ventes seraient transmis au conseil d'État et en outre que le contrat définitif devrait être revêtu de la sanction souveraine.

Malheureusement, lorsqu'on se ravisa, le mal était fait, et au lieu de chercher à le réparer en ordonnant le reboisement immédiat des terrains réduits en broussailles ou mal à propos défrichés , on vit dans la division des communaux , dans leur partage entre les habitants, un moyen d'arriver au repeuplement des bois; comptant sur l'intérêt privé pour faire ce que les communes n'avaient pas le courage d'entreprendre. L'expérience a prouvé qu'il ne fallait pas trop espérer de la prévoyance des cultivateurs, et si quelques-uns d'entre eux sont parvenus à regarnir le lot qui leur était échu en partage, le plus grand nombre est arrivé à des résultats diamétralement opposés.

On allait procéder au partage de la plus grande partie des biens communaux , lorsque par l'annexion les bois ont été placés sous le régime forestier français. Dès lors , grâce à la surveillance énergique des employés, grâce aux reboisements entrepris sur une large échelle, grâce à la bonne direction donnée à l'aménagement des taillis, grâce à la création de voies forestières qui permettent de régulariser les coupes et d'en surveiller l'opération, grâce enfin et surtout à la fécondité exceptionnelle de nos terrains boisés, nos montagnes se garnissent, nos rocs disparaissent, et l'on peut prévoir l'époque où les communes trouveront de grandes ressources dans la vente annuelle de l'excédant des bois nécessaires à l'affouage des habitants.

CHAPITRE VIII

Les pâturages, les bestiaux de la Savoie au XVIIIe siècle.

Au-dessus de la région des bois se trouve la zone des pâturages ; de tous temps on a conduit dans ces prairies, pendant la belle saison, des troupeaux de chèvres et de moutons, de jeunes mulets et des bêtes à cornes. On n'a aucune donnée statistique sur le nombre de têtes de bétail que nourrissait la Savoie avant 1790, époque du premier recensement qui en fut fait ; mais la nécessité de tirer parti des pâturages alpestres a dû les maintenir à un chiffre élevé.

A l'époque qui nous occupe, on conduisait temporairement tous les animaux à la montagne, même ceux des plaines, à l'exception des vaches indispensables à l'entretien du ménage, et des bêtes de trait employées journellement aux travaux des champs.

La durée de l'inalpage étant assez courte, il fallait se préparer à loger et nourrir ces animaux pendant les longs hivers qui caractérisent les pays de montagne : on ne connaissait alors ni les prairies artificielles ni les fourrages-racines. Le foin des prés, les pailles des céréales, les feuilles de quelques arbres, récoltées vertes, devaient fournir à leur alimentation pendant sept à huit mois de l'année.

Ces conditions spéciales ont donné de tous temps une grande valeur aux prairies naturelles ; aussi s'est-on appliqué de bonne heure à en tirer le meilleur parti possible en recueillant avec le plus grand soin les eaux grasses, les eaux de source et de pluie pour les déverser sur les prés par un système d'irrigation bien entendu.

Malgré ces soins prévoyants, la saison d'hiver a toujours été difficile à traverser pour les propriétaires de troupeaux, par suite de la faible proportion de foin mis en réserve.

Cette pénurie de fourrages avait alors et a encore aujourd'hui des conséquences fâcheuses pour la conservation des bois communaux et des pâturages placés à proximité des villages. Pressé par la nécessité, à peine la neige a-t-elle disparu, qu'on y conduit tous les animaux, et tandis que la dent meurtrière des chèvres et des moutons détruit les pousses tendres des jeunes taillis, les animaux plus pesants piétinent et défoncent les gazons au moment où l'herbe commence à peine à se montrer. C'est ainsi que les taillis se transforment en broussailles et que les pâturages sont frappés de stérilité.

La production du bétail a toujours été une des principales sources de richesse de la Savoie. A cette époque, ses vaches et ses fromages s'exportaient en Piémont; quelques mulets se dirigeaient sur Gênes; les moutons, après avoir donné leur laine pour vêtir les habitants de nos campagnes, servaient surtout à l'alimentation locale. Les fromages de chèvre et de brebis, l'élevage des porcs, n'ont jamais fait l'objet d'un commerce un peu important avec l'étranger.

Les mulets, les chevaux et les bœufs rendaient des services à l'agriculture locale; les premiers faisaient dans les montagnes les transports à dos des engrais et des récoltes, puis on les attelait à une charrue légère; les bœufs s'utilisaient surtout dans les plaines et les demi-coteaux.

CHAPITRE IX

Les cultures de la Savoie au XVIIIe siècle.

Nous avons vu que les prairies naturelles étaient l'objet de soins assidus de la part de nos cultivateurs, nous ne pouvons en dire autant de la culture des champs, qui, nous le reconnaissons, laissait beaucoup à désirer.

A ce moment, le fermage n'existait pas, le métayage était la condition forcée de cette époque de transition où le servage n'avait point encore entièrement disparu.

Le métayer, sans instruction, sans instruments de culture, sans capital d'exploitation, se trouvait à la merci du propriétaire du sol.

Les instruments de labour sentaient l'enfance de l'art; les prairies artificielles, les racines, n'étaient pas connues; les céréales et quelques légumes formaient le fond de toute culture. Manquant de fourrages, on laissait à la montagne la moitié de l'engrais; celui produit pendant l'hiver était insuffisant pour renouveler les forces de la terre, aussi la jachère était la base de tous les assolements. Selon la nature et la qualité du sol, à la jachère fumée succédait un froment suivi d'un seigle, d'une orge ou d'une avoine : c'était l'assolement triennal ; dans les plus mauvais fonds, il devenait biennal; le chanvre, les fèves, les pois, les choux et les raves y occupaient des surfaces très restreintes.

Ces terrains, ne recevant pas de sarclages, s'enherbaient beaucoup et rendaient peu. M. Costa nous apprend que le plus souvent la récolte, après le prélèvement des semences, donnait un pour le maître et un pour le métayer ; dans les meilleurs fonds on atteignait rarement quatre de rendement pour un de semence.

Le même auteur dit que la charrue et les autres instruments de culture étaient d'une grande imperfection ; on peut juger de ce qu'ils devaient être par ce qu'ils sont encore aujourd'hui dans beaucoup de nos communes.

La vigne haute, importée d'Italie, garnissait la plupart de nos champs les mieux exposés ; la vigne basse occupait les meilleurs coteaux ; elle était l'objet de plus de soins que les autres cultures, les cépages que nous possédons aujourd'hui, la mondeuse, le persan, la douce noire à raisins rouges, la jacquère, la sainte-marie, la mondeuse à raisins blancs, étaient connus, et on retrouve dans les vieux treillages des essais d'importation de plants étrangers ; la malvoisie ou pineau gris, le sarvagnin ou pineau de Bourgogne, le hibou ou aramon, le lardeau ou fendant vert, la roussanne, avaient déjà été tirés de la Côte-d'Or, de la Provence et de la Suisse ; la culture de ces cépages ne s'est pas généralisée, parce qu'ils n'ont pas donné partout de bons résultats. L'altesse, apporté de Chypre en Savoie par l'un de nos princes vers le milieu du xv⁰ siècle, a mieux réussi et continue à produire un vin de qualité. C'est en 1559, sous le régime d'Emmanuel-Philibert que fut publié le premier édit défendant de récolter les vignes sans une enquête préalable suivie des emprises ; le même édit interdisait, sous peine d'amende, d'entrer dans les vignes, d'y conduire des animaux, autorisant le propriétaire à les tuer ou faire tuer, si cela lui était agréable ; enfin injonction était donnée aux syndics des communes de mettre des gardes aux vignes pour assurer la conservation de la récolte ; cet édit méritait d'être signalé, il prouve l'importance que la culture de la vigne avait dès cette époque dans nos pays, c'est aussi le premier acte de protection accordé aux productions du sol.

Les céréales, les fruits du pommier, du poirier et du châtaignier servaient à la nourriture des habitants de nos campagnes ; le noyer fournissait l'huile pour la consommation et l'éclairage ; le colza, déjà répandu dans le nord de la France, ne se cultivait pas encore en Savoie.

Avec des produits aussi restreints, le paysan pouvait vivre et s'entretenir dans les années abondantes, il souffrait dans les années médiocres, et la famine l'a souvent visité lorsque l'intempérie des saisons détruisait une partie de la récolte.

CHAPITRE X

La population de la Savoie au XVIIIe siècle.

Si, après avoir recherché ce qu'étaient nos bois, nos champs, nos prairies et notre bétail, nous étudions l'état politique, moral et intellectuel de nos populations, nous trouvons qu'au commencement du xviiie siècle la Savoie avait conservé avec sa foi religieuse toute la simplicité des temps primitifs. Depuis Emmanuel-Philibert, le souverain habitait au delà des monts ; les états généraux ne s'assemblaient plus, la féodalité disparaissait, et la division des classes de la société qu'elle avait inaugurée tendait à se confondre. L'éloignement du souverain avait eu pour effet de fixer dans les campagnes les seigneurs que le service militaire ou celui de la cour n'appelaient pas d'une manière permanente dans les villes d'outremonts.

Les exploitants du sol étaient encore en partie soumis au servage ; moins dur que dans d'autres provinces, il l'était assez pour leur enlever le goût du travail qui profite directement à son auteur.

L'instruction était peu répandue dans nos communes rurales, on ne faisait rien pour la développer ; ceux qui émigraient temporairement vers la France avaient seuls quelques notions de lecture, d'écriture et de calcul. L'industrie, à peine naissante, ne fournissait pas un contingent utile à l'agriculture.

Lorsque les denrées étaient abondantes, elles tombaient à vil prix parce que le mauvais état des routes empêchait de les conduire sur les marchés voisins et que des lois restrictives en prohibaient la sortie ou les soumettaient à des droits de douane exagérés.

Quand la récolte manquait, une partie de la population n'avait pas le nécessaire, tout le marché se concentrait dans l'étendue de la Savoie, d'où l'exportation était interdite. Il y avait alors une grande pénurie d'argent et l'émigration augmentait.

Ces émigrations étaient rarement définitives et le printemps ramenait à leurs champs ces hirondelles d'hiver, comme on les a spirituellement appelées à cause de la coïncidence de leur retour dans leurs foyers et de leur départ pour l'étranger avec celle de ces oiseaux.

On n'a pas de données exactes sur la population de la Savoie avant 1723. A cette époque, il fut fait un premier recensement qui fit connaître que les 634 communes qui composaient le duché, étaient habitées par 337,184 individus. (GRILLET, t. III, page 387.) Cette population s'est doublée dès lors ; ce qui semblerait prouver que l'émigration n'a été que temporaire, car le nombre des émigrants est constamment allé en augmentant.

L'instruction agricole, nous l'avons dit, n'avait point encore pénétré à ce moment dans les classes rurales, il n'en était pas de même de la classe aisée, elle avait suivi de bien près le mouvement intellectuel qui s'était développé en France ; aussi le *Théâtre d'Agriculture* d'Olivier de Serres, publié à Paris de 1600 à 1617, se répandit de bonne heure chez nous où il s'en trouve encore un grand nombre d'exemplaires.

On sait que ce premier ouvrage fut suivi de la publication du *Trésor du Jardinage et des Champs*, de la *Maison rustique*, de l'*Agronome* et de divers dictionnaires économiques. Ces travaux et plus tard ceux de Daubenton et surtout de Buffon initièrent les gens du monde à l'étude de l'histoire naturelle et développèrent chez eux un goût prononcé pour l'agriculture. La Savoie, qui suivait avec intérêt ce qui se faisait tant en France qu'en Suisse, sut profiter des théories des uns, des pratiques des autres et se maintint toujours au niveau intellectuel de ses voisins.

C'est à cette époque que nous devons faire remonter la plantation de ces vieux mûriers qui garnissent les cours et les avenues des anciennes habitations seigneuriales; Henri IV, en en plaçant dans le jardin des Tuileries, les avait mis à la mode : chacun voulut imiter ce roi devenu momentanément le protecteur d'Olivier de Serres.

Nos ducs donnèrent de bonne heure le même exemple, ils se faisaient gloire de doter leur pays de ce qu'ils trouvaient de bien dans leurs pérégrinations lointaines, nous leur devons l'introduction de plusieurs plantes utiles.

CHAPITRE XI

La législation agricole, les marchés, la douane au XVIIIe siècle.

Dans le travail qui précède, nous avons dû nous tenir dans des généralités et fouiller de nombreux ouvrages pour recueillir de rares indications sur les premiers âges de l'agriculture savoisienne.

Ce n'est qu'à partir de 1723 qu'on trouve dans les actes du gouvernement quelques mesures législatives ou fiscales qui touchent d'une manière indirecte aux intérêts de l'agriculture.

Nous allons donner un aperçu de ceux de ces documents qui ont un intérêt historique.

De 1723 à 1724, le gouvernement sarde fit faire le recensement de la population de la Savoie, elle était alors habitée par 337,184 personnes des deux sexes.

En 1729, parurent les *Lois et Constitutions de la royale Maison de Savoie;* une partie de ce remarquable ouvrage est consacrée aux intérêts agricoles. Frappé de la dépopulation de nos campagnes, le législateur accorde des exonérations importantes d'impôts aux pères de douze enfants, et un arrêt du Sénat de Savoie, du 5 juillet 1766, étend cette exemption même aux charges municipales.

Le titre II prononce des peines sévères contre ceux qui dérobent des fruits ou qui préjudicient aux récoltes.

Le titre VII du livre VI est consacré à la législation qui régit les cours d'eau, aux charges imposées aux riverains qui veulent les détourner de leur cours naturel pour l'irrigation des prairies ou pour faire mouvoir des usines.

Le titre VIII du même livre prescrit l'entretien des grandes routes et des autres chemins et détermine les droits des aboutissants.

Le titre IX traite des obligations des propriétaires des bois et forêts : après leur avoir fait un devoir de consigner à l'autorité l'état de leurs propriétés boisées, le législateur défend non-seulement de défricher, mais encore d'abattre tout ou partie d'une futaie sans en avoir reçu l'autorisation ; il se réserve en outre le droit d'empêcher la sortie des bois et même des charbons ; plus loin, il prohibe l'introduction des bestiaux et surtout des chèvres dans les jeunes taillis et détermine le rayon forestier dans lequel il n'est pas permis d'allumer des feux.

Un règlement sur l'exploitation des forêts parut quelque temps après, le 31 août 1730.

Le législateur aurait pu étendre ses prescriptions à bien d'autres sujets agricoles, au lieu de s'occuper des seules questions qui demandaient par leur importance une solution immédiate.

La plus grande satisfaction donnée à cette époque aux intérêts agricoles fut sans contredit la péréquation du cadastre de 1738 ; sa mise en vigueur consacra le droit de propriété basé sur la possession.

L'année 1770 fut malheureuse pour la Savoie. La récolte se trouva inférieure aux besoins du pays et les bestiaux furent atteints d'un mal contagieux que sa facilité à se propager d'une étable à une autre avait fait appeler *chancre volant*.

Cette maladie occasionna assez de dommages pour que le Sénat de Savoie s'en émut ; par son manifeste du 5 décembre 1770, il prescrivit certaines mesures conservatrices pour préserver les troupeaux de la contagion en même temps qu'il indiquait les moyens de guérir le mal.

L'année suivante, Charles-Emmanuel III fit une obligation à tous les cultivateurs de déclarer annuellement le produit de leur récolte. Cet édit royal, qui porte la date du 16 août 1771, avait pour but de faire connaître de bonne heure l'état de la récolte ; si elle se trouvait insuffisante, le Sénat de Savoie prohibait la sortie des grains ; de son côté, le gouvernement ordonnait des approvisionnements pour suppléer à la disette des subsistances et prévenir la famine.

Cette sage mesure était indispensable à l'époque dont nous parlons, l'état des routes nécessitant un temps considérable pour le transport d'une denrée aussi encombrante que le blé.

La ville de Chambéry, à l'imitation de la plupart des cités un peu importantes, dans le but d'arrêter la cherté croissante des denrées, se détermina à en fixer le prix marchand ; ce tarif s'appliquait surtout à la viande, au vin et aux chandelles de suif et de cire.

Le recueil Gorin enregistre à la date du 23 décembre 1771 la première ordonnance syndicale de la ville de Chambéry sur cet objet ; la dernière est du 21 décembre 1791.

L'usage de taxer les denrées alimentaires est très ancien, on le pratiquait déjà à Rome 263 ans après sa fondation, et on voit Jules-César pendant sa préture urbaine, 63 ans avant l'ère chrétienne, en faire usage pour s'attirer l'affection du peuple.

La taxation des denrées n'a jamais produit l'effet qu'a-

vait en vue leurs auteurs, tandis qu'elle a souvent empê-
ché l'approvisionnement des marchés.

Il est évident en effet qu'à moins qu'un producteur ne soit
forcé de conduire ses denrées sur un marché déterminé,
il choisira toujours celui où on les payera le plus cher.
Si donc la taxe est trop faible, on abandonnera l'approvisionnement de la ville; si elle est au contraire au-dessus
de la valeur réelle, on forcera à payer trop cher ceux
qu'on voulait protéger. Mais reprenons l'énumération des
mesures prises dans l'intérêt de l'agriculture.

En suivant la date des faits, on trouve en 1772 un édit
autorisant la création d'une Société d'agriculture à Chambéry; nous reviendrons sur ce fait important de l'histoire
de notre agriculture.

Par une patente spéciale du 13 novembre 1773, Victor-
Amédée III, qui, depuis peu, était monté sur le trône, crut
devoir modifier l'édit rendu en 1559 par Emmanuel-Philibert sur le ban des vendanges; le règlement qui en fait
l'objet fut mis en rapport avec les changements survenus
dans l'état social et politique du pays, par suite de l'abolition des priviléges; l'article autorisant le propriétaire à
tuer le bétail qui s'était introduit dans sa vigne et quelques
autres furent abrogés.

Un manifeste du 1er mars 1777 créa des haras de chevaux
dans les différentes provinces de la Savoie; le règlement
qui y faisait suite avait pour but d'encourager l'élevage,
d'agrandir la taille des chevaux du pays, afin de les appro-
prier au service de l'armée.

Deux années après, en 1779, le roi, qui désirait se
rendre compte de l'état et des besoins de l'agriculture
de la Savoie, fit parcourir et étudier nos diverses provinces par un conseiller d'État; Grillet nous apprend que

ce délégué, dans son rapport au souverain, insistait sur la nécessité d'améliorer les routes, d'autoriser la sortie des divers produits du sol, surtout des bestiaux, afin de permettre aux cultivateurs d'augmenter leur capital d'exploitation, qu'il trouvait tout à fait insuffisant.

Comme on le voit par l'énumération que nous venons de faire des manifestes, des édits et des lois, le souverain, qui avait conquis sa liberté d'action par l'abolition de la féodalité, comprit qu'il devait encourager, protéger et développer l'agriculture qui, alors comme aujourd'hui, était la principale source de richesse de la Savoie.

Cette protection, ces encouragements, qui paraissent si peu importants aujourd'hui, eurent cependant une heureuse influence sur le développement progressif de notre agriculture, sur l'état social de ses exploitants.

Jusqu'à ce moment, l'homme de guerre dédaignait les travaux des champs, qu'il considérait comme avilissant celui qui s'en occupait; mais dès que cette profession fut exercée par des hommes de condition libre, dès que le souverain se constitua le protecteur des exploitants du sol, on oublia ces anciennes préventions inaugurées et maintenues par la féodalité.

Bientôt, en effet, on vit les seigneurs, qui n'avaient plus à s'occuper de guerre et de tournois, se retirer dans leurs terres, pour se livrer à l'étude et chercher dans l'amélioration de leurs domaines le moyen de réparer les brèches que le séjour des cours avait faites à leur fortune.

Aussi trouvons-nous dès 1772, parmi les fondateurs de la première Société d'agriculture de Chambéry, les hommes les plus instruits, les noms les plus illustres de la noblesse savoisienne.

M. le marquis Alexis Costa de Beauregard, l'un de ses membres, est le premier auteur agricole qu'ait fourni la Savoie, et, malgré les progrès réalisés dès lors, son livre sur la culture des pays montueux est encore aujourd'hui le meilleur et le plus complet qu'on y ait publié.

C'est dans cet ouvrage, c'est dans les écrits de quelques autres publicistes agricoles, dans les annales de nos Sociétés, dans les statistiques, dans les grands travaux d'utilité publique, que nous puiserons des documents pour compléter notre travail.

CHAPITRE XII

La Savoie, la France et la Suisse au XVIIIe siècle.

En comparant l'état agricole de la Savoie avec celui des
provinces de France et des cantons suisses qui l'avoisi-
naient, on trouve qu'au commencement du xviiie siècle,
nous étions aussi avancés que les premières, mais que
la Suisse, avec laquelle nous avons tant de points de
similitude, pouvait, sous tous les rapports, nous servir de
modèle.

Aussi, comme nous le dirons bientôt, c'est là surtout
que nous sommes allés apprendre à tirer un meilleur
parti de nos richesses naturelles, à mieux soigner nos
champs pentueux, nos prairies, nos vignes et nos bestiaux.
C'est à la Suisse que nous avons demandé des étalons pour
monter nos premiers haras; c'est à la Société économique
de Berne que nous empruntons les statuts de notre première Société d'agriculture.

CHAPITRE XIII

Création de la première Société d'agriculture
en Savoie.

Les premières Sociétés d'agriculture établies sur le continent européen ne remontent pas à une date bien ancienne ; il fallait, pour déterminer ce progrès, un concours de circonstances spéciales qui ont été longues à se produire.

La constitution de la propriété sur des bases solides, la liberté des exploitants, en étaient les premières conditions; il n'y a point en effet de progrès possible sans la stabilité et nul ne contribue librement aux améliorations qui ne doivent profiter ni à lui-même ni aux siens; aussi ne voyons-nous rien de saillant se produire en agriculture sous le régime de la féodalité; mais à peine le cultivateur est-il rendu à lui-même, à peine a-t-il récupéré sa liberté d'action, qu'il travaille à améliorer sa condition.

C'est en Italie, c'est en Suisse que les exploitants du continent virent les premiers disparaître les entraves mises à la libre possession du sol; c'est aussi là que se forment les premières réunions agricoles.

La Société des Georgophiles de Florence, fondée par Ubaldo Montelatici, date de 1753.

La Société économique de Berne a tenu sa séance d'inauguration le 3 février 1759; ce ne fut qu'en 1761 que la France eut à Paris sa première association agricole.

La Savoie, qui à cette époque avait reconquis la majeure partie de ses libertés, suivit de près l'exemple de la Suisse

et de la France : notre première Société date en effet de
1772, elle fut constituée sur les bases de celle de Berne
et prit le nom de Société royale économique de Chambéry pour l'agriculture, le commerce et les arts.

Cette Société eut deux parrains illustres, le médecin
Daquin et le marquis Alexis Costa de Beauregard. Le
premier en avait préparé la constitution dans ses lettres
aux amateurs d'agriculture, publiées à Chambéry en 1771 ;
il en fut nommé secrétaire perpétuel ; le second, qui était
membre honoraire de la Société économique de Berne,
fut l'intermédiaire officieux qui réunit les matériaux nécessaires pour hâter sa fondation.

Tous les hommes instruits tinrent à honneur de faire
partie de cette Société ; le roi Victor-Amé III en approuva
les règlements en 1774, il lui assura une large dotation
pour qu'elle fût à même d'encourager les progrès agricoles.

Les travaux de cette Société ne sont pas parvenus
jusqu'à nous ; nous savons cependant qu'elle avait des
séances régulières ; qu'elle se tint au courant de toutes
les améliorations agricoles qui se produisirent à cette
époque et que ses efforts contribuèrent puissamment au
perfectionnement de notre bétail, à l'introduction des
plantes fourragères, des racines, qui commençaient dès
lors à se répandre dans nos cultures.

Le Médecin Daquin. — Parmi les nombreux membres
de cette Société, le médecin Daquin, M. Martin Burdin et
le marquis Alexis Costa méritent une mention toute
spéciale.

Le premier, qu'animait le désir de contribuer de toutes
ses forces au bien public, au bien-être des classes ouvrières, se livra avec ardeur à l'étude de l'histoire
naturelle ; tous les instants que laissait au docteur Daquin

l'exercice de sa profession étaient consacrés à des travaux agricoles, à des expériences qu'il savait mener à bonne fin.

Je ne m'étendrai pas davantage sur le mérite du secrétaire perpétuel de notre première Société d'agriculture. M. le docteur Guilland, qui préside avec tant de distinction les assemblées de l'Académie, a retracé les traits caractéristiques de la vie de ce médecin plein de savoir, de cet écrivain distingué, de cet homme de bien, que la Savoie s'honore de compter parmi ses plus illustres enfants ; sa plume facile a su trouver dans les inspirations de son cœur des paroles éloquentes pour louer ce confrère vénéré.

M. Martin Burdin. — M. Burdin fut un initiateur heureux, il sut fixer à la campagne par les agréments dont il environna leur demeure, les seigneurs que l'éloignement de la cour et les trèves de guerre ramenaient dans leurs provinces.

La Savoie lui doit, outre la création de ses jardins d'agrément, le goût des plantations utiles, des vergers, des jardins potagers et fruitiers.

M. Burdin apprit de bonne heure l'art d'acclimater et de multiplier les arbres et les arbustes exotiques ; ses riches pépinières ne tardèrent pas à acquérir une réputation méritée, qui procura à son établissement des débouchés nombreux. Le petit établissement, fondé à Chambéry en 1765, existe encore aujourd'hui, il a pris dès lors de plus vastes proportions et deux succursales importantes ont successivement été établies à Turin et à Milan.

En 1779, M. Martin Burdin publia un catalogue raisonné des arbres fruitiers et autres plantes qu'il cultivait dans ses pépinières de Lémenc ; ce catalogue, réédité

en 1787, est précédé d'une instruction sur le choix de
l'exposition et sur les travaux préparatoires qui doivent
préluder à toute plantation ; il donne aussi les principes
généraux de la taille.

Ce catalogue raisonné est le premier travail spécial
publié en Savoie sur les arbres fruitiers.

M. Martin Burdin a, on le voit, des droits à la reconnaissance des amis de l'agriculture savoisienne.

M. ALEXIS – BARTHÉLEMI COSTA DE BEAUREGARD. — M. le
marquis Alexis – Barthélemi Costa de Beauregard, vice-
président de la première Société d'agriculture fondée à
Chambéry, est sans contredit la personnalité la plus marquante de la Savoie agricole. Né à Chambéry en 1726, il
reçut de bonne heure, comme tous les membres de cette
illustre famille, une instruction solide en rapport avec la
haute position que lui assuraient son nom et sa fortune.

Éloigné de la cour qui depuis Emmanuel-Philibert avait
transporté son siége à Turin, né avec des goûts sérieux,
Alexis Costa se livra à l'étude des auteurs agricoles dont
il fit son occupation favorite. Propriétaire de nombreuses
métairies, il résolut d'améliorer le sort de ses colons par-
tiaires, qui gagnaient péniblement le pain de seigle dont
ils faisaient leur nourriture habituelle.

Avant de se mettre à l'œuvre, M. Costa comprit la nécessité d'unir la pratique à la théorie qu'il avait apprise dans les
meilleurs auteurs. Pour y parvenir, il parcourut l'Angleterre, l'Italie, la France, la Belgique et la Suisse. Ce fut
dans ce dernier pays qu'il trouva une agriculture en progrès, placée dans des conditions identiques à celles de la
Savoie ; il s'y fixa pour apprendre de nos voisins à vaincre
les difficultés sans nombre qu'engendre la culture pentueuse des pays de montagne.

Depuis 1759 , la Société économique de Berne était fondée ; ses séances périodiques, ses nombreux travaux, ses concours, les récompenses offertes aux meilleurs mémoires agricoles, en avaient fait le centre des progrès agricoles du continent. M. Costa prit de bonne heure une part active à ses travaux, et le 12 mars 1763, quatre ans après sa fondation, il en fut nommé membre honoraire. C'est pendant son séjour à Berne qu'il conçut le projet de son *Essai sur l'amélioration de l'agriculture dans les pays montueux et en particulier dans la Savoie*. Cet ouvrage, édité à Chambéry en 1774, réimprimé au commencement de ce siècle aux frais de la Société d'agriculture de la Seine-Inférieure, est encore aujourd'hui le seul livre qui nous renseigne sur les pratiques agricoles de nos pères.

Dans ce remarquable travail, qui valut à son auteur les éloges les plus flatteurs et les mieux mérités, M. Costa étudie successivement la nature de nos terres, les instruments employés à leur culture, les assolements adoptés, les engrais produits et leur emploi ; il fait connaître les soins culturaux donnés aux vignes, aux prés, aux bois ; il décrit les animaux de travail et de rente ; il pénètre dans les habitations, dans les étables pour apprendre à les aérer, à les assainir ; enfin il fait passer sous nos yeux tous les accessoires d'une exploitation, en indiquant les moyens d'augmenter le rendement des céréales, d'accroître nos ressources fourragères par l'introduction des prairies artificielles, des racines, pour arriver à produire un bétail plus nombreux et mieux conformé.

Cet ensemble de conseils, il les adresse aux agriculteurs de la Savoie ; les améliorations qu'il propose, il les fait mettre en pratique dans ses terres, dans ses domaines ;

la charrue qu'il conseille, il la tire du Piémont et la fait exécuter sous ses yeux, il l'essaye, et lorsqu'il est assuré qu'elle est bien construite, qu'elle marche convenablement, il la donne à ses métayers pour la répandre.

Le théoricien habile et le praticien dévoué se trouvent ainsi réunis dans ce grand seigneur, devenu le conseiller, l'initiateur des améliorations agricoles de son pays.

Plus heureux que tant d'autres, M. Costa vit ses efforts persévérants couronnés de succès ; l'ouvrage dont nous venons de parler, ceux qui les suivirent, furent le point de départ des nombreuses améliorations qui se produisirent à cette époque en Savoie. Alexis Costa de Beauregard est mort à un âge avancé, le 13 juin 1797. Ceux dont il a servi la cause lui ont décerné depuis longtemps le titre de Père de l'agriculture savoisienne, que la France avait donné à Olivier de Serres.

CHAPITRE XIV

L'assolement de la Savoie avant l'introduction
des plantes améliorantes.

L'ouvrage magistral de M. Costa, publié, comme nous
l'avons dit, en 1774, fut suivi en 1777 d'un mémoire sur
la culture de l'esparcette et en 1780 d'une étude inédite
sur la fabrication des engrais ; neuf ans plus tard, M. Muffat
Saint-Amour fit paraître à Chambéry une brochure sur la
culture de la betterave.

Ces différentes publications nous permettent de déterminer l'époque de l'introduction de plantes qu'on est
convenu d'appeler *améliorantes* et qui méritent ce titre
soit parce que leur culture eut pour résultat l'alternat des
céréales avec les plantes sarclées, soit parce qu'elles
permirent d'augmenter le bétail et d'accroître les engrais
donnés aux terres ; nous allons d'abord rechercher ce que
l'on faisait avant leur introduction.

En interrogeant les documents les plus anciens de nos
annales agricoles, qui sont les baux à métayages du xv^e
siècle, nous y trouvons la preuve qu'à cette époque le
propriétaire prenait à sa charge tout le capital nécessaire
à l'exploitation du domaine ; le froment, le seigle, l'orge,
l'avoine et le cavalin, mélange de ces deux dernières
céréales, servaient à l'ensemencement des terres ; l'assolement qui comportait une jachère était biennal ou triennal,
les prés et les pâturages fournissaient seuls à l'alimentation
du bétail.

Plus tard, vers la fin du xve siècle, le sarrasin, originaire de la Perse, apporté par les Maures d'Asie en Afrique et d'Afrique en Espagne, d'où il s'est répandu en France et en Savoie, le sarrasin, disons-nous, vint modifier la culture coutumière de nos campagnes et fournir un élément d'épuisement de plus aux récoltes incessantes des céréales : on le plaça quelquefois sur la jachère fumée et le plus souvent après le seigle de la seconde année ; depuis ce moment, le seigle, que l'agriculture romaine avait dédaigné, prit une plus large place dans notre assolement, tandis que l'avoine, l'orge et le cavalin furent relégués dans les terrains de montagnes ou dans ceux les moins favorisés des plaines.

Alexis Costa nous apprend que l'enherbement occasionné par le retour incessant des céréales, le peu de profondeur des labours, avaient amené les terres à des rendements presque nuls ; souvent on ne faisait que doubler la semence, les plus fortunés arrivaient à peine à la tripler.

Cet état de choses détermina, vers le milieu du xviiie siècle, des modifications importantes dans nos assolements : on voit, en effet, apparaître en cultures sarclées les légumes, les pois, les haricots, les fèves ; c'était un acheminement vers l'alternat des plantes.

La nouvelle rotation était quadriennale, elle comportait un quart des terres cultivées en jachère fumée ou en plantes sarclées ; l'engrais amassé pendant l'hiver se plaçait sur ce premier quart pour semer des fèves, des pois, des légumes ; on fumait encore le jardin, la chenevière, les vignes, les haricots, le millet, le panais, les raves.

La deuxième année était consacrée au froment, la troisième, au seigle suivi d'un sarrasin en récolte dérobée ; enfin sur la quatrième division on récoltait de menus grains semés seuls ou en mélange appelé *mêle*.

Les changements apportés, dès cette époque, à l'assolement primitif de la Savoie, méritaient d'être signalés, parce qu'ils curent pour conséquence d'amener l'abandon d'une partie de la jachère pour la remplacer par des plantes fumées, tandis qu'encore de nos jours la jachère règne en souveraine sur une partie de la France.

Pour obtenir des améliorations plus importantes, il fallut attendre l'introduction du sainfoin, du trèfle et de la luzerne, qui ont apporté un contingent précieux à l'économie du bétail; celle du maïs, de la pomme de terre, de la betterave et du colza, qui sont venus accroître le bien-être de nos classes ouvrières.

LE SAINFOIN. — Le sainfoin, appelé *esparcette* en Bourgogne, *pelagras* en Savoie, originaire des montagnes calcaires de l'Europe moyenne et méridionale, paraît être la première plante fourragère cultivée en Savoie. Olivier de Serres nous apprend que le sainfoin était déjà très répandu dans le Dauphiné à la fin du xvie siècle; plusieurs mémoires, publiés à Berne de 1760 à 1770, contribuèrent à en étendre la culture dans nos terrains calcaires; M. Charles Calloud fixe à 1771 son introduction dans le canton de Rumilly, et les mémoires de M. Costa en parlent comme d'une plante déjà connue dans le pays.

LE TRÈFLE ROUGE. — Le trèfle rouge est, de même que le sainfoin, une plante fourragère de l'Europe; c'est l'allemand Schoubard qui enseigna l'un des premiers à en tirer parti en le semant mêlé à des céréales; cette plante, complètement inconnue au temps d'Olivier de Serres, fut introduite de bonne heure en Savoie, sans doute par notre frontière de la Suisse.

Nous voyons en effet M. Costa proposer le trèfle comme complément de son assolement modèle en 1774.

Dans les premiers temps de son introduction , on le conservait deux années ; plus tard , on le rompait au bout d'un an , parce qu'il rapportait fort peu à la deuxième ; on a abusé du trèfle en le ramenant trop souvent sur le même sol, aussi ses rendements sont devenus de moins en moins abondants.

La Luzerne. — La luzerne , bien que la plus ancienne plante fourragère connue , a été la dernière à pénétrer et à se fixer en Savoie ; peut-être faut-il en chercher la cause dans son origine méridionale , qui semblait en interdire la culture aux pays froids et montueux.

Pline le Naturaliste fait venir la luzerne de la Médie, *Herba Medica* ; selon cet auteur, elle aurait été apportée par Alexandre le Grand, après la défaite de Darius. Quoi qu'il en soit de cette origine, les Romains connurent la luzerne de bonne heure , ils la cultivèrent en grand, et Varron, Caton, Palladius et Columelle parlent avec enthousiasme de ses rendements et de la qualité de son fourrage.

Olivier de Serres nous montre la luzerne peu connue en Italie et en Piémont à la fin du xvie siècle , mais elle se trouvait déjà très répandue en Espagne, dans le Languedoc, la Provence, le Dauphiné et le voisinage ; cette dernière expression semble s'appliquer à la Savoie , qui longe le Dauphiné sur toutes ses limites de l'ouest.

L'introduction des fourrages artificiels a permis d'entretenir un bétail plus nombreux et de le mieux nourrir ; l'adoption dans nos cultures de la pomme de terre, du maïs, de la betterave et du colza , a eu pour résultat l'abandon de la jachère, le nettoiement du sol, l'alternance des récoltes ; malheureusement ces plantes, d'un intérêt si considérable pour l'amélioration de notre agriculture, ont été bien longues à se répandre, à prendre droit de cité parmi nous.

LA POMME DE TERRE. — La vulgarisation tardive de la pomme de terre est un exemple de la difficulté que les meilleures choses ont à se produire. M. Joseph Bonjean, dans son excellente monographie de ce tubercule, nous apprend en effet que la pomme de terre, découverte au Pérou en 1530 par les Espagnols, fut apportée peu après en Europe; dès la fin du XVIᵉ siècle, elle se répandit en Angleterre, en Italie, en Belgique, en France, et cependant ce ne fut que deux siècles après, sur la fin du règne de Louis XVI, que Parmentier parvint à la rendre d'un usage général.

La Savoie a connu et ses habitants ont commencé à utiliser la pomme de terre avant cette époque; M. Costa en parle en 1774 comme d'une plante légumineuse déjà cultivée sur de petites surfaces. Le nom donné à cette plante dans quelques parties de la Savoie ferait supposer que nous l'avons tirée du Piémont, où les Espagnols l'avaient apportée en lui donnant le nom de *tartuffoli*, d'où paraît dériver le nom patois de *tartifle*, sous lequel on la désigne dans quelques communes. Longtemps la culture de la pomme de terre est restée cantonnée dans de petits coins de terre, dans les jardins; ce n'est qu'à la suite de la famine de 1847 qu'on a compris qu'elle devait prendre une plus large place dans nos exploitations.

LE MAÏS. — Le maïs concourt avec la pomme de terre à l'alimentation des habitants de nos campagnes. Le maïs n'est pas ancien dans nos cultures : apporté en Europe après la découverte du Nouveau-Monde, il s'est surtout répandu dans les pays les plus chauds; son nom de blé de l'Inde, de Turquie, d'Espagne, de Barbarie, indique suffisamment les contrées qui les premières l'ont adopté; il pénétra en France par les Pyrénées, et, d'après

Champier, c'est en 1560 qu'il fut importé dans le Beaujolais.

Pendant longtemps, le maïs n'occupa qu'une surface restreinte dans nos assolements ; c'est encore à Parmentier que la France est redevable de l'extension donnée à sa culture.

La Savoie paraît avoir tiré ses premières semences de maïs du Piémont, où depuis longtemps il forme la base de l'alimentation des classes ouvrières ; de même qu'en Italie, on l'appelle souvent blé turc, *grano turco*. Arthur Yong, qui voyageait en Savoie en 1785, trouva le maïs cultivé aux environs de Chambéry ; c'est le document le plus ancien qui signale sa présence dans notre pays.

LE COLZA. — Le choux colza paraît avoir suivi de près le maïs ; le colza commença à être préconisé en Suisse en 1762, il ne tarda pas à se répandre, et tout fait présumer que c'est peu après qu'il entra dans nos cultures. M. Werneihl signale cette production en 1804 comme générale dans le pays : « On y cultive avec soin le choux colza. » Cette plante, de même que la pomme de terre et le maïs, forme la sole sarclée de l'assolement coutumier de la Savoie.

LA BETTERAVE. — La betterave, qu'on dit originaire des plaines de Bohême, est anciennement connue comme plante alimentaire ; plus tard, sa plantation s'est étendue pour fournir des fourrages-racines, destinés à la nourriture des bêtes à cornes.

En 1747, un chimiste prussien, Margraffh, découvrit qu'elle contenait un principe sucré extractif ; Achard, réfugié français retiré à Berlin, fut le premier qui entreprit de l'exploiter pour la fabrication du sucre.

Cette industrie a pris dès lors de vastes proportions ; la

Savoie, avec ses petites exploitations, était peu propre à alimenter une fabrique de sucre; aussi celle qu'établit à Chambéry en 1837 M. Routin, eût-elle le sort de toutes les entreprises qui se fondent sans s'assurer d'avance d'une quantité suffisante de matière première.

M. Routin, en vulgarisant la culture de la betterave, a rendu un véritable service au pays.

Ces recherches historiques sur l'époque de l'introduction des plantes améliorantes en Savoie nous ont paru nécessaires pour constater une fois de plus que notre petit pays a su profiter de bonne heure des découvertes que la science a mises à la disposition de l'agriculture. Placée par sa position topographique entre la Suisse, la France et l'Italie; liée politiquement au Piémont, où depuis longtemps l'agriculture prospère; voisine et amie de la France et de la Suisse, dont elle partage la langue et le climat, avec lesquelles elle a toujours été en communion d'idées, en relations commerciales, la Savoie s'est tenue au courant de tout ce qui se faisait de bien chez ses voisins, et, si elle a beaucoup appris d'eux, elle a su aussi quelquefois leur montrer la voie du progrès.

CHAPITRE XV

L'agriculture de la Savoie à la fin du XVIIIe siècle.

Arrivé à l'époque de notre histoire agricole où la Révolution française va éclater, où pour la sixième fois la Savoie va passer sous la domination française et partager pendant vingt-trois ans les destinées de cette grande nation à laquelle tout semblait nous rattacher, nous croyons devoir rappeler les progrès réalisés pendant le siècle qui allait finir.

A ce moment, la Savoie était passée du régime féodal au gouvernement absolu, toutes les juridictions secondaires avaient disparu; le prix de rachat des droits seigneuriaux, déterminé par l'autorité royale, s'était opéré sans conflit entre les seigneurs dépossédés de leurs priviléges et les vassaux rendus à eux-mêmes : depuis 1771, il ne restait plus de traces de l'esclavage du moyen-âge.

Charles-Emmanuel et Victor-Amédée III avaient mis à profit la paix qui régnait depuis le traité d'Aix-la-Chapelle, pour réparer les désastres que les huit années de l'occupation espagnole et le passage incessant des troupes avaient occasionnés à la Savoie.

Les anciennes routes élargies et réparées étaient devenues carrossables, on s'occupait d'en tracer de nouvelles pour remplacer les transports à dos de mulet jusqu'alors usités. Le souverain, désireux de n'être plus tributaire de l'étranger pour le service de son artillerie et la remonte de sa cavalerie, encourageait l'élève du cheval ; des haras avaient été établis dans les diverses provinces du duché ;

annuellement des primes récompensaient les meilleurs éducateurs, les plus beaux poulains.

Pour empêcher la dilapidation de nos bois, on en avait réglementé l'exploitation ; la sortie n'en était permise, de même que celle du charbon, qu'au moyen d'une autorisation spéciale difficile à obtenir.

La famine avait souvent visité la Savoie, on voulait éviter le retour de ce fléau qui décimait nos populations ; on espérait atteindre ce but en prohibant la sortie des denrées alimentaires et des bestiaux, toutes les fois que la récolte paraissait insuffisante.

Des droits de douane élevés protégeaient nos produits contre la concurrence de l'étranger.

Cette protection exagérée était loin d'atteindre le but que se proposait le souverain ; car la France, qui nous environnait de toutes parts, opposait douane à douane, tarif à tarif. L'alimentation de nos marchés livrés aux seuls producteurs du pays avait pour conséquence d'élever le prix des denrées d'une manière exagérée, lorsqu'elles étaient rares, de les avilir quand la récolte était abondante. Cet état de choses nuisait à la circulation du numéraire et aux intérêts généraux de l'agriculture ; l'industrie assez restreinte de la Savoie profitait seule de cette protection, au préjudice du consommateur, qui aurait pu s'alimenter ailleurs à de bien meilleures conditions.

A ce moment, la propriété, débarrassée de toutes entraves, constituée sur des bases solides depuis la péréquation du cadastre, soumise à des charges équitables et modérées, avait acquis de la valeur.

L'argent n'était pas encore abondant, on se le procurait difficilement, on le payait cher, mais il tendait à se répandre.

L'agriculture s'était beaucoup améliorée, on lui consacrait plus de soins, plus de main d'œuvre; on en obtenait plus de produit depuis que les plantes améliorantes étaient connues de nos cultivateurs. Le bétail, mieux nourri, mieux soigné, s'était considérablement augmenté; les 425,000 têtes de bétail, répandues sur notre territoire, représentaient un capital considérable en voie d'augmentation.

Les classes ouvrières, agricoles, s'étaient relevées de l'état d'infériorité créé par le servage; l'instruction commençait à se répandre parmi elles, le gouvernement faisait des efforts dans ce sens.

La population, dont le développement a toujours été considéré comme un indice de moralité, d'aisance et de progrès, s'était accrue de mille individus par an de 1724 à 1773, de 3,800 de cette dernière date à 1790, de sorte qu'elle s'était élevée de 337,184 individus à 441,091.

Il résulte de ces faits que lorsqu'en 1788 la Révolution française éclata à nos portes, la Savoie était dans la phase de l'apaisement qui suit les transformations sociales : jouissant déjà de la plupart des prérogatives que revendiquait le peuple français; gouvernée sans despotisme par un roi dont la famille avait grandi dans nos montagnes, qui se disposait à racheter lui-même nos dernières dîmes, la Savoie, disons-nous, resta calme devant le grand acte de revendication exercé par un peuple ami. Ce ne fut que plus tard, le 22 septembre 1792, que nous fûmes appelés à suivre les conséquences de cette révolution à laquelle jusque-là nous n'avions pris aucune part; nous allons examiner quels en furent les résultats pour l'agriculture de la Savoie.

LIVRE II

L'AGRICULTURE DE LA SAVOIE SOUS LA RÉPUBLIQUE
FRANÇAISE ET L'EMPIRE

CHAPITRE PREMIER

La Savoie agricole après l'annexion de 1792.

Au moment où la Savoie demanda son annexion à la France, l'agriculture, nous l'avons dit, était dans une phase de progrès ; sa population, dont plus des quatre cinquièmes appartenaient à la classe agricole, s'était considérablement augmentée et de plus elle jouissait d'un certain bien-être.

La France l'accueillit avec joie, elle allait entreprendre les grandes guerres de la République, elle était heureuse de recevoir ce contingent inattendu, qui lui assurait ses frontières des Alpes et lui procurait le concours actif d'un peuple valeureux.

Tous les Savoisiens ne s'accommodèrent pas de la décision de la majorité : les uns restèrent en Piémont, où ils se trouvaient, retenus par leur affection pour le roi ou par la fidélité qui attache le militaire à son drapeau ; les autres émigrèrent en grand nombre par la crainte des événements qui allaient se produire.

Bientôt la conscription , puis les levées en masses, ordonnées pour le salut de la patrie, occasionnèrent des vides considérables dans nos populations rurales, qui furent les premières à en souffrir ; les bras manquèrent aux travaux des champs , et l'essor donné avec tant de peines à notre agriculture se ralentit pour longtemps.

On trouve dans un compte-rendu du conseil général de l'an IX un aperçu de ce qu'était devenue la Savoie :

« La dépopulation est effrayante , dit le rapporteur, on l'attribue à la guerre, au défaut de ressources de ce département (Mont-Blanc) et à la charge excessive des impôts. Ce pays offrira bientôt l'aspect de la misère la plus déchirante, si on ne lui rend des moyens de prospérité. »

« Rien n'a couvert l'effrayante soustraction qu'a faite la guerre dans le département du Léman , » dit le même compte-rendu.

Cette dépopulation, qui de 1790 à 1804 s'était élevée à 34,955 hommes, avait frappé M. Sauzay, préfet du département du Mont-Blanc ; il en recherche la cause dans un mémoire statistique publié la même année, il l'attribue à la guerre , à l'émigration , au défaut d'industrie , de ressources locales , joints à la crainte de secousses révolutionnaires.

M. Albanis Beaumont établit, de son côté, que « supputé d'après les meilleurs renseignements , le nombre d'hommes que la Savoie a fournis aux armées de la République se monte à plus de 30,000, dont 18,000 sont morts les armes à la main sur le champ d'honneur , sous les drapeaux de la République. »

M. Depoisier, qui a publié ces documents, ajoute que

« de 1802 à 1815 la Savoie a fourni à l'Empire autant
d'hommes qu'aux armées de la République. » C'est donc,
sans exagération, un découvert de 60,000 hommes valides, robustes, dont l'agriculture à peu près seule a été
privée.

La dépopulation des campagnes, la dépréciation des
assignats, leur cours forcé, eurent pour conséquence le
manque de numéraire; le peu que retirait le cultivateur
du champ qu'il était parvenu à récolter, suffisait à peine
à sa subsistance et au paiement des lourdes charges qui,
sous le nom d'impôts, de réquisitions militaires ou de
contributions de guerre, pesaient sur lui. « En l'an VII,
nous dit Claude Genoux dans son *Histoire de Savoie,* le
département du Mont-Blanc, moins grand d'un huitième
que la Savoie actuelle, payait 2,500,000 fr. d'impôts de
plus qu'avant l'annexion. »

La période guerrière de la France a été, on ne peut
le contester, une époque malheureuse pour l'agriculture
savoisienne, rien de saillant ne s'est produit pendant les
vingt-trois ans de sa durée.

CHAPITRE II

La Société libre des agriculteurs de l'an VII.

La Société économique de Chambéry avait interrompu ses travaux en 1792 ; son existence légale cessa par la déchéance du souverain qui l'avait constituée.

Ce ne fut que dix ans après qu'on songea à la reconstituer ; un arrêté de l'Administration centrale, du 22 pluviôse an VII de la République française, en approuva les nouveaux statuts ; elle fut installée, le 16 ventôse suivant, sous le nom de Société d'agriculture de Chambéry. M. de La Palme en fut nommé président et M. Anthelme Marin, secrétaire perpétuel.

Cette Société eut l'honneur de compter au nombre de ses membres M. Auguste Bella, fondateur de Grignon, l'une des gloires de l'agriculture française ; elle fit publier à diverses époques des observations appliquées à l'économie rurale du département du Mont-Blanc. Le seul ouvrage dû à son initiative que nous ayons pu nous procurer a été imprimé à Lyon en 1808, par les soins de M. Marin, sous le titre d'*Observations de la Société d'agriculture de Chambéry sur la nouvelle répartition de la contribution foncière.*

L'auteur de ce mémoire avait toutes les connaissances nécessaires pour soutenir la Savoie, dont les intérêts agricoles se trouvaient menacés par la nouvelle répartition de l'impôt, ordonnée par la loi du 3 frimaire de l'an VII de la République. M. Anthelme Marin était en effet homme de loi, professeur de législation et de belles-lettres à l'École centrale du département du Mont-Blanc, agriculteur et botaniste; son travail, rédigé avec soin, appuyé sur des renseignements pris aux meilleures sources, eut sans nul doute pour résultat de faire réduire le contingent attribué à la Savoie dans la répartition générale de l'impôt foncier.

L'ouvrage du secrétaire perpétuel de la Société d'agriculture de Chambéry est un document aussi curieux que précieux à consulter lorsqu'on cherche à se rendre compte du rapport qui existait, au commencement de ce siècle, entre le prix de la terre, son rendement moyen et la valeur des denrées.

A ce moment, la terre avait peu de valeur parce que l'argent était rare et qu'elle rendait peu ; ses récoltes étaient minimes par suite du manque d'une main-d'œuvre suffisante, et les denrées n'avaient pas un prix plus élevé qu'aujourd'hui ; prenons quelques chiffres : les céréales produisaient deux, trois ou quatre fois la semence ; le journal de vignes (30 ares) rendait un tonneau et demi, soit 675 litres ; les 80 litres de blé (le veissel) valaient en moyenne 18 fr. 20 cent. ; le seigle, 12 fr. 60 cent. ; l'orge, 9 fr. 57 cent. ; le cavalin, 6 fr. 90 cent. ; l'avoine, 5 fr. 50 cent. ; les 450 litres de vin de première qualité Montmélian ou Arbin se vendaient 116 fr. ; la deuxième, 103 fr. 21 cent. ; la troisième, 89 fr. 33 cent. ; la quatrième, 76 fr. 60 cent. ; la cinquième, 38 fr. 30 cent. En suivant l'auteur dans les déductions que doit subir chaque récolte pour arriver au produit net, on trouve des chiffres tellement minimes que nous n'osons pas les reproduire ; il est vrai que le défenseur des intérêts de la Savoie travaillait en avocat agriculteur et qu'il posait des chiffres pour les besoins de sa cause, mais il ne ressort pas moins de ce mémoire que le sol, dans les conditions qui lui étaient faites, ne donnait plus de récoltes rémunératrices.

L'abbé Grillet nous apprend, dans son *Dictionnaire historique*, qu'Anthelme Marin fit cadeau, en 1807, au musée de l'école secondaire de Chambéry, d'un herbier composé d'un grand nombre de plantes rares du pays et étrangères, ainsi que de sa belle collection d'insectes et de papillons.

Le secrétaire perpétuel de la seconde Société d'agriculture de la Savoie en fut la personnalité marquante, bien qu'elle réunit un grand nombre d'hommes de mérite ; nous retrouverons son fils, secrétaire de la troisième Société, travaillant comme lui à améliorer le sort des habitants de nos campagnes.

CHAPITRE III

Importation du mouton mérinos en Savoie.

C'est à l'époque qui nous occupe que se rapportent les publications faites par le citoyen Dufresne et M. de Mouxy de Loche ; le premier, dans une brochure de quelques pages, publiée à Chambéry en 1791, parle d'une nouvelle variété de blé de mars et rend compte des expériences dont il a été l'objet ; le second consacre son mémoire à la culture des abeilles.

Des essais d'importation de la race de mérinos furent tentés aux points extrêmes de la Savoie par deux hommes d'un mérite incontestable, Albanis-Beaumont et M. Grand, conseiller de préfecture du département du Mont-Blanc. Les essais du premier, racontés dans une brochure publiée à Genève en 1807, se firent dans sa propriété de Vernaz, située sur la commune de Chêne-Thonex, cédée dès lors à la Suisse ; M. Grand amena son troupeau au château de Choiseil, commune de Saint-Paul sur Yenne.

Ces premières importations ainsi que celles de MM. de Saint-Sulpice et Bonne de Savardin eurent des résultats heureux dans le début, alors que les laines fines avaient un prix élevé ; plus tard la Restauration, en fermant par un cordon de douane la frontière française, rendit cette spéculation moins avantageuse ; on retrouve encore dans la laine de nos troupeaux la trace du métissage qui s'opéra à la faveur de cette importation.

Les tentatives d'améliorations agricoles de MM. Albanis-Beaumont et Grand ne furent pas les seuls qui se produisirent en Savoie pendant son annexion à la France ; la culture du tabac y fut apportée de bonne heure.

Le tabac, introduit en France en 1624, fut monopolisé entre les mains du gouvernement en 1674 ; ce monopole, après avoir été affermé 4 millions, rendit 32 millions en 1790.

Un décret du 24 février 1791 abrogea le privilége de l'État et permit de cultiver, de fabriquer et de vendre le tabac dans toute la France.

Profitant du bénéfice de ce décret, un certain nombre de propriétaires du canton de Rumilly cultivèrent cette plante, qui leur donna des bénéfices assez considérables ; les décrets du 29 décembre 1810 et 11 janvier 1811 en remirent le monopole entre les mains de l'État et instituèrent la régie. Ce précédent, invoqué par les cultivateurs de Rumilly en 1860, leur fit obtenir l'autorisation de cultiver le tabac ; cette autorisation a été étendue dès lors à toute la Savoie.

CHAPITRE IV

Ce qu'a fait la France pour l'agriculture de la Savoie de 1792 à 1815.

En fouillant les annales législatives françaises de 1792 à 1815, on trouve que les intérêts de l'agriculture y occupent une bien petite place ; quelques-unes des décisions prises en sa faveur ont souvent même atteint un but diamétralement opposé à celui que s'étaient proposé leurs auteurs ; c'est ce qui est arrivé pour les lois de 1792, 1793 et 1813, qui autorisaient le partage, puis l'aliénation des biens communaux.

Les lois de 1792 et de 1807 sur le desséchement des étangs et l'assainissement des marais n'ont pas reçu d'exécution en Savoie, elle dut attendre la Restauration pour mettre la main au diguement de l'Isère, décrété en 1787 par Victor-Amédée III.

Un code rural avait été mis à l'étude pour compléter la législation due à l'initiative de Napoléon Ier ; c'est le seul qui n'ait pas été publié, on l'attend encore aujourd'hui.

Pendant cette longue occupation de vingt-trois ans, l'instruction des classes rurales reçut peu d'encouragements ; aussi, arrivé à 1815, on trouve que sur les 635 communes de la Savoie, 504 n'ont pas d'école et les 131 qui en sont pourvues les doivent en grande partie à la générosité de quelques compatriotes fortunés qui, comprenant l'importance de l'instruction, ont voulu en doter leur commune.

Les industries annexées à l'agriculture sont de création

moderne; la seule alors connue consistait dans la production de la soie; la Savoie eut, dès le commencement du XVIIᵉ siècle, plusieurs filatures d'une certaine importance.

En 1792, l'une de celles concédées par Emmanuel-Philibert le 10 mars 1616 existait encore à Thônes, elle est tombée à cette époque; la filature et la fabrique de gaze de la maison Martin Franklin date des premières années de l'Empire; elle appartenait alors à **M. Marc Dupuis**, son fondateur; les gazes de Chambéry ont conservé leur réputation dans le monde élégant, et jusqu'à ce jour on a vainement cherché à les imiter.

Les industries disséminées ont pris un certain développement pendant l'occupation française, on désigne sous ce nom les petites industries qui demandent peu d'avance, peu d'emplacement, et qui s'exercent à domicile pendant le temps de chômage dont dispose l'agriculteur.

Ces industries remplacèrent en partie les émigrations temporaires que la présence sous les armes de tous les hommes valides avait ralenties; les vieillards, les infirmes, les jeunes gens sur le point d'être réclamés, forcément retenus au village, se mirent à utiliser les longs hivers neigeux de nos montagnes en fabriquant des toiles de chanvre et de coton, des draps communs, à faire de la vannerie, des instruments de culture, à tourner des ustensiles de bois pour le ménage, à préparer des chaussures, à monter des caisses d'horloge, etc.

L'extension des industries disséminées peut diminuer l'émigration temporaire des montagnes; mais les débouchés ouverts à ces produits d'un usage local sont trop restreints pour utiliser tous les bras forcément rendus disponibles pendant cinq ou six mois de l'année.

Dans ces conditions, l'émigration est une nécessité

pour les montagnards qui habitent les hautes vallées des Alpes.

Le nombre de ceux qui quittent momentanément leurs foyers est, du reste, loin d'atteindre les proportions que lui donnent quelques publicistes et qu'on a porté à 30,000 ; mais l'émigration arriva-t-elle à ce chiffre, qu'on devrait, pour l'apprécier avec impartialité, la considérer dans ses conséquences, dans ses résultats, qui sont d'utiliser, de rendre productives à l'étranger des forces qui resteraient improductives chez elles.

L'agriculture, l'amélioration du sol n'a rien à perdre et tout à gagner à cet état de choses, puisque, d'un côté, les frais généraux de culture sont déchargés d'une consommation onéreuse pendant qu'on ne peut aborder la terre, et qu'à peine débarrassée de son manteau de neige, les émigrés s'empressent de revenir pour la cultiver.

On voit, par le résumé succinct des faits agricoles qui se sont produits en Savoie de 1792 à 1815, que l'agriculture a peu gagné pendant cette période guerrière qui a absorbé à elle seule toutes les forces vitales de la France.

La Savoie, de même que tous les départements à petite culture, à population compacte, où les grandes industries n'existent pas, eut plus à souffrir que les autres départements de l'Empire ; elle fournit un contingent considérable d'hommes et d'argent, sans être appelée à profiter des bénéfices réalisés dans les contrées manufacturières : pays frontière, elle eut à supporter la guerre portée pendant plusieurs années sur son territoire et les charges qu'engendre le passage incessant des troupes ; plus tard, elle dut pourvoir à l'alimentation d'une armée envahissante, qui ne se retira qu'après avoir décimé le bétail de nos campagnes, épuisé les provisions de nos cultivateurs et préparé par ses exactions la famine de 1817.

Les compensations que nous avons obtenues pour tant de sacrifices sont considérables sans doute, ils appartiennent surtout à l'ordre moral, •nous nous écarterions de notre sujet en abordant cette question.

LIVRE III

CHAPITRE PREMIER

**Épizootie de 1816, famine de 1817; mesures adoptées
pour en atténuer les effets.**

Le retour de la royale Maison de Savoie dans le duché,
berceau de sa famille, se produisit dans de fàcheuses
circonstances.

En 1816, l'espèce bovine de la province de Carouge fut
attaquée par une épizootie qui occasionna la perte d'une
grande quantité de bestiaux, et, une année après, la famine
soumit les habitants de toute la Savoie aux plus dures
privations.

La famine de 1817 eut pour point de départ les pluies
prolongées du printemps et de l'été de 1816 : ces pluies
retardèrent les travaux d'ensemencement, la maturité des
grains et la rentrée des récoltes. Les céréales mûrirent
d'une manière incomplète et dans beaucoup de localités
elles germèrent sur le sol, faute d'un rayon de soleil pour
les dessécher.

6

Prévoyant une récolte insuffisante, le Sénat de Savoie prohiba dès le 16 juillet 1816 la sortie de toutes les denrées alimentaires et remit en vigueur l'obligation pour les cultivateurs de déclarer les denrées qu'ils avaient récoltées.

L'excès d'humidité, qui avait détruit les espérances de la Savoie, avait sévi sur les départements voisins, il ne fallait pas songer à leur demander les céréales dont elle avait besoin pour compléter ses approvisionnements; l'on en fit venir, il est vrai, du Piémont, mais on s'aperçut bientôt que ces ressources seraient insuffisantes pour conjurer la disette dont on était menacé.

Dans ces conjonctures difficiles, Victor-Emmanuel décréta, dès la fin de 1816, un emprunt de six millions, destiné à venir en aide aux classes ouvrières, en leur fournissant des secours et du travail; cet emprunt fut couvert par une souscription volontaire.

La récolte de 1816 fournit à peine à l'alimentation des populations de la Savoie pendant les derniers mois de l'année, la moyenne du prix du veissel de froment de 80 litres s'éleva à 39 fr., celui du seigle à 30 fr., et ces prix se maintinrent jusqu'à la récolte. La misère atteignit de bonne heure les classes nécessiteuses des villes et surtout celles des campagnes, qui furent réduites à la dernière extrémité.

Avec les ressources de l'emprunt, on entreprit les travaux d'endiguement de l'Isère et simultanément la construction de la route provinciale du pont royal actuel à Albertville; 2,500 ouvriers y furent occupés pendant les sept premiers mois de 1817; malheureusement l'insalubrité de cette vallée, alors couverte de marécages, unie à la nature débilitante des aliments, engendra des fièvres paludéennes qui firent un grand nombre de victimes parmi les travailleurs.

Les Bauges, le Chablais et le Genevois furent les localités les plus éprouvées par la disette. Des secours, fournis par Chambéry, Annecy et quelques autres villes, pourvurent aux besoins les plus pressants des communes des Bauges ; Genève et la plupart des cantons français de la Suisse organisèrent d'abondantes distributions de vivres et d'argent pour venir en aide à leurs voisins de la Savoie, ils les continuèrent jusqu'à ce que le mal fut conjuré.

La Savoie n'a point perdu le souvenir de la main secourable que lui a tendue la Suisse, toutes les fois qu'elle a été victime de quelque désastre ; ce que Genève avait fait en 1817, il l'a renouvelé lors de l'incendie de la ville de Cluses ; ce sont des pays qui, séparés politiquement, n'ont point oublié la communauté de leur origine allobrogique.

La disette de 1817 avait obligé les éleveurs de nos montagnes à vendre en France et en Italie une certaine quantité de bêtes à cornes et de jeunes élèves. Le gouvernement fut effrayé de la dépopulation qui en fut la conséquence ; aussi, pour y porter remède, se crut-il obligé d'élever le droit de sortie sur les bestiaux et de le porter à 30 fr. par tête pour les bœufs et à 20 fr. pour les élèves de moins d'un an. Le manifeste du 6 juin 1818 équivalait à une prohibition, il tarit le seul négoce qui s'exerça avec succès en Savoie et mit les producteurs dans la nécessité ou de violer la loi en faisant la contrebande, ou d'abandonner, faute de numéraire, le commerce qui nourrissait leur famille. Six mois après, le 19 novembre, ce tarif exceptionnel de sortie dut être abaissé à 12 fr. pour les bœufs et à 6 fr. pour les jeunes élèves.

Deux années d'abondance avaient permis de constater que la production des céréales dépassait la consommation locale, et de même qu'on semblait croire que la sortie de nos bestiaux amènerait la ruine de notre agriculture, on craignit que les apports de céréales des pays qui nous sont limitrophes n'eussent pour résultat l'abaissement excessif du prix de nos denrées ; aussi, pendant qu'on élevait le droit de sortie sur les bestiaux pour entraver leur exportation et nous forcer à les conserver dans nos étables, on augmentait le droit d'entrée des céréales et des farines pour éviter la concurrence que pouvaient faire à nos produits les blés français.

Le décret du 15 mai 1849 fixait à 5 fr. 60 cent. le droit d'entrée du sac de 100 kilogrammes de farine, et à 4 fr. celui du froment.

On voit, par ces mesures protectrices, que la liberté commerciale n'avait pas fait un pas chez nous pendant le premier quart du xixᵉ siècle et que nos hommes d'État croyaient protéger nos éleveurs en les empêchant de trafiquer à leur aise leurs bestiaux, de renouveler leurs étables ; de même qu'ils pensaient servir la cause du progrès en empêchant la concurrence de se produire, en forçant le consommateur à payer une denrée plus cher que le prix qu'aurait fixé la loi économique de l'offre et de la demande.

Ces mesures protectionnistes et fiscales ne furent heureusement pas les seules dont Victor-Emmanuel Iᵉʳ dota l'agriculture de la Savoie.

La loi du 21 novembre 1847 remit en vigueur un édit de 1739, prescrivant la réparation et l'entretien des chemins vicinaux ; celle du 2 mars 1849 rendit obligatoire l'échenillage de tous les arbres à fruits, de ceux de bordures et forestiers ; le dénombrement des animaux des espèces chevaline et mulassière se fit en vertu d'une loi du 27 novembre 1822 ; enfin, on opéra en 1819 le recensement de la population du duché, qui n'avait pas été exécuté depuis 1773.

Il ressort de ce travail statistique que , malgré la perte de quatre communes détachées de la Savoie pour les réunir à la Suisse dans le traité de Paris du 20 novembre 1815 ; malgré les vides occasionnés par les guerres incessantes de l'Empire et la famine de 1817, les 630 communes du duché étaient encore habitées par 466,816 personnes des deux sexes. En comparant ce résultat avec le recensement de 1773, qui avait donné 375,726 individus, on trouve que l'accroissement a été d'environ 1,900 hommes par an, soit 89,090 pour 47 ans, déduction faite de la population des communes détachées.

Quelques autres mesures de peu d'importance ont encore été prises pour protéger les intérêts agricoles de la Savoie.

CHAPITRE II

Auteurs agricoles savoisiens de cette époque.

Gayme aîné.— En suivant l'ordre chronologique des faits, en 1820 vient se placer une publication agricole d'une certaine importance, imprimée à Chambéry sous le titre de *Manuel du bon fermier ou Cours théorique et pratique d'agriculture*. Cet ouvrage, dû à la plume de M. Gayme aîné, renferme les principes d'économie rurale, spécialement applicables à la Savoie et aux pays voisins.

M. Gayme s'est inspiré, il nous l'apprend lui-même, de l'ouvrage de M. Alexis Costa : comme lui, il traite les questions qui se rattachent à la connaissance des terres, à leur culture; il parle en maître de l'exploitation d'un domaine, des vignes, des céréales, des engrais, des prairies, des plantations fruitières et des bestiaux.

Ce travail, adressé à un jeune propriétaire acquéreur d'un vaste domaine qu'il veut faire valoir, renferme de sages conseils, de judicieuses observations sur la marche qu'il doit suivre pour organiser son exploitation et améliorer ses terres.

L'ouvrage de M. Gayme, pour être complet, aurait dû nous renseigner sur ce qu'on faisait à cette époque, avant de nous apprendre comment il fallait opérer pour faire mieux. Il nous indique la manière de semer la luzerne, le sainfoin, de planter les pommes de terre et les autres fourrages-racines, et il oublie de nous dire si déjà ces plantes étaient généralement cultivées dans nos domaines.

Quoi qu'il en soit de ces observations, le *Bon Fermier*

était, lorsqu'il parut, le seul ouvrage de quelque importance publié sur l'agriculture de la Savoie depuis 1774 ; aussi lui fit-on bon accueil.

Francoz J.-B. — Une année après, en 1821, parut à Annecy une brochure de M. Jean-Baptiste Francoz, d'Arith en Bauges, sur l'importance de la culture du frêne commun dans les pays de montagne.

L'auteur, après avoir enseigné divers procédés pour multiplier le frêne, indique le parti qu'on peut tirer de son bois ; il parle ensuite de ses feuilles comme fourrage et s'étend sur les ressources qu'elles fournissent pour l'alimentation du bétail.

Dans un supplément, M. Francoz signale les avantages de la culture du noyer et des arbres fruitiers.

La brochure dont nous parlons fut soumise à l'appréciation d'une commission spéciale ; à la suite de son rapport, M. l'intendant général de la Savoie en ordonna l'envoi à toutes les communes de la division administrative.

Les conseils que donnait à ses compatriotes en 1821 M. Francoz, sont depuis longtemps mis en pratique dans les Bauges ; en parcourant vers la fin de l'été ce beau pays, ces riches pâturages garnis de bétail, *bovilliæ*, on voit toutes les clôtures formées de têtards de frêne dépouillés de leurs feuilles, elles sont soigneusement récoltées et mises en réserve pour la saison des neiges. Dans le Véronnais et dans toute l'Italie méridionale, on conserve les feuilles dans des silos creusés dans le sol ; après les avoir entassées, on les recouvre de paille, puis d'une couche de terre argileuse, pour les préserver du contact de l'air et de la pluie.

On emploie le même procédé pour la conservation prolongée des pulpes de betteraves, destinées à la nourriture des bestiaux.

CHAPITRE III

Diguement de l'Arve.

Nous touchons à une époque mémorable de l'histoire de l'agriculture en Savoie, c'est le moment où d'importantes mesures vont être prises pour l'endiguement des rivières, pour l'irrigation des prairies.

La Savoie donne naissance à deux torrents impétueux qui vont se grossissant le long de leur parcours et qui deviennent des rivières avant d'avoir abandonné son territoire, l'Arve et l'Isère sont dans ce cas.

L'Arve prend sa source au col de Balme à 2,360 mètres au-dessus du niveau de la mer, longeant la vallée de Chamonix, puis celles de Sallanches, de Cluses et de Bonneville ; de petit ruisseau qu'elle est à son point de départ, elle devient un des principaux affluents du Rhône supérieur, dans lequel elle se jette à Carouge, après avoir parcouru 97 kilomètres de terrain qu'elle couvre de ses alluvions alpines.

Des études préparatoires d'endiguement paraissent avoir été ordonnées dès 1770, mais ce ne fut qu'en 1816 qu'on reprit ce projet : un premier plan, présenté par l'ingénieur Bard en 1820, comprenait 50 kilomètres de digues partant du pont de Chelde pour s'arrêter à Bellecombe, situé à 10 kilomètres en aval de Bonneville.

Les premiers travaux, entrepris en 1824, se sont continués jusqu'en 1838, ils ont occasionné une dépense de 664,000 fr. ; dès lors des discussions s'étant élevées entre les intéressés, les projets sont restés à l'étude sous le gouvernement sarde, ils le sont encore en ce moment.

La première partie d'endiguement avait rendu à la culture une surface assez considérable de terrain d'alluvion; par suite de son interruption, la rivière en a repris une partie.

Tout fait espérer que ce travail d'intérêt public sera incessamment repris et continué jusqu'à son complet achèvement.

CHAPITRE IV

Diguement de l'Isère.

L'Isère est un des affluents du Rhône inférieur; en remontant son cours, comme le fit, dit-on, Annibal, on la voit sortir du pied du mont Iseran, à 300 kilomètres de son confluent au Rhône.

Dans son parcours sur le territoire du département de la Savoie, il se grossit des eaux torrentielles du Dayron, de l'Arly, du Doron et de l'Arc.

Tous ces torrents, surtout l'Arc, se chargent dans leur parcours et versent dans l'Isère des terres, du limon, des roches schisteuses qui ne tardent pas à s'user et se déliter.

L'Isère, d'abord encaissée dans les vallées étroites et profondes d'Aime, de Moûtiers, n'y a jamais occasionné de grands dommages, mais arrivée en aval d'Albertville, elle trouvait avant son endiguement une vallée large, à pente douce, formée des alluvions anciennes de l'Isère, qu'elle ravageait en changeant de lit à chaque crue. Un peu plus bas, les eaux de l'Arc venaient l'augmenter, et, depuis ce point, la plaine qui s'étend de Saint-Pierre d'Albigny aux limites du département de l'Isère, ne formait plus qu'une vaste steppe, sans cesse visitée par les eaux. Cette grande étendue de terrain, la plus riche de la Savoie, était frappée de stérilité avant qu'on eut entrepris de resserrer le lit de l'Isère; et la stagnation des eaux engendrait des fièvres paludéennes dont les habitants de cette belle vallée avaient beaucoup à souffrir.

En 1787, Victor-Amédée III forma le projet de rendre

la santé à ces populations décimées par la fièvre, de préserver cette riche plaine du ravage incessant des eaux, en endiguant l'Isère et l'Arc.

Ce projet ne reçut pas d'exécution pendant l'occupation française ; commencé en 1817 par Victor-Emmanuel, pour venir en aide aux classes nécessiteuses, victimes de la disette, puis suspendu pendant six ans, ce ne fut que le 7 janvier 1823 que Charles-Félix, son successeur au trône, ordonna les travaux préliminaires d'endiguement de l'Isère, depuis le torrent de l'Arly jusqu'à la frontière de France, et celui de l'Arc, depuis le pont d'Aiton jusqu'au confluent de ces deux rivières.

Nous n'entrerons pas dans les détails techniques de cette vaste entreprise, exécutée avec le concours de l'État, de la province et des propriétaires intéressés ; il nous suffira d'en rappeler les phases principales, les difficultés vaincues et les résultats obtenus.

L'endiguement de l'Isère et de l'Arc devait rendre à la culture 6,000 hectares de terres noyées ou menacées de l'être par les crues périodiques de l'Isère et de l'Arc ; pour y parvenir, il fut décidé de créer des digues continues sur les deux rives de ces rivières, dont le cours est de 43,520 mètres ; on devait opérer simultanément le colmatage de tous les terrains susceptibles de l'être.

L'ensemble de ces travaux, évalués primitivement à 6,500,000 fr., s'élèvera, lorsqu'ils seront complétés, à 10 millions.

L'entreprise, mise en adjudication en 1829, était terminée depuis quelque temps à l'époque de l'annexion ; cependant on a dû opérer d'importants remaniements, on continue encore aujourd'hui à perfectionner les parties de l'endiguement trouvées incomplètes en 1860.

La restitution à l'agriculture de toute une vallée est une des conquêtes agricoles les plus remarquables de notre siècle. Le voyageur, qui remonte aujourd'hui la Haute-Isère, est loin de se douter qu'il y a moins de quarante ans cette plaine plantureuse de 6 à 700 mètres de largeur n'était qu'un amas informe d'attérissements désordonnés sur lesquels on n'avait pu asseoir une route, et rien ne lui rappelle que les habitants des coteaux des deux rives de cette belle vallée se trouvaient décimés par des fièvres intermittentes, dont on ne pouvait arrêter les ravages.

La gloire de cette grandiose entreprise, poursuivie avec tant de persévérance malgré les ressources limitées d'un petit État, est due au roi Charles-Félix; il tint à honneur, en 1824, d'en poser lui-même la première pierre, et leva toutes les difficultés pour la mener à bonne fin; elle fut continuée par Charles-Albert, et plus tard le Parlement sarde réuni à Turin vota les ressources nécessaires pour son achèvement.

Le diguement de l'Isère et de l'Arc fut inspiré par une pensée d'humanité, riche en résultat; les dix millions consacrés à cette entreprise sont déjà largement représentés par les terrains en culture; sous peu, quand l'œuvre sera complète, elle donnera un bénéfice considérable, car il est impossible d'évaluer à moins de 3,000 fr. chacun des 6,000 hectares conquis sur le lit de la rivière; ce qui porte la valeur totale des terrains à 18,000,000; l'endiguement aurait ainsi procuré à tous ceux qui y ont pris part un bénéfice de 8,000,000.

L'histoire est heureuse d'avoir à enregistrer de si beaux résultats.

CHAPITRE V

Irrigation de la plaine du Bourget.

Nous avons déjà fait remarquer que, depuis la fin du règne de Charles-Emmanuel III, la Savoie était entrée résolument dans la voie des progrès agricoles. C'est en effet de 1770 à 1787 qu'on s'occupa pour la première fois du diguement de l'Arve et de l'Isère; c'est en 1772 que se créa la première Société agricole en Savoie, et en 1774 que parut le premier ouvrage d'agriculture; c'est encore à 1771 que remonte le projet d'irrigation de la vallée du Bourget, si riche en résultats pour les communes de Chambéry-le-Vieux, la Motte-Servolex, Bissy, Voglans et le Bourget.

Ce fut, en effet, en 1771 que MM. le commandeur Laurent et le chevalier de Sainte-Agnès, son frère, MM. nobles Simon et Claude Perrin, tous les quatre propriétaires d'une grande étendue de prés sans valeur dans la vallée du Bourget, formèrent une Société pour irriguer les prairies marécageuses situées entre la Leysse et les collines qui lui font face à l'est. Par ses lettres patentes du 23 novembre 1776, Victor-Amédée III se montra favorable à ce projet, il étendit même les prérogatives qu'on sollicitait de lui en accordant l'investiture d'un emphytéose qui mit la Société en possession, non-seulement des eaux de l'Albanne, mais encore de celles de Leysse, de l'Hyère et des ruisseaux qui des collines descendent dans la plaine.

Dès le début de l'entreprise, on ouvrit un canal principal de Chambéry au lac du Bourget de 10 kilomètres de longueur. On avait conçu le projet de le prolonger jusqu'à Montmélian, de manière à relier l'Isère au Rhône.

En 1783, la Société primitive se constitua sur de plus larges bases, on vit figurer parmi ses membres les noms les plus recommandables de la Savoie.

Cette utile entreprise eut dès le début beaucoup de difficultés à surmonter, d'abord pour se mettre en possession des terrains nécessaires à l'ouverture des canaux d'irrigation, qui passaient sur un grand nombre de petits propriétaires, ensuite pour régler l'indemnité qui leur était due; plus tard, on refusa de se soumettre à la décision souveraine qui ordonnait de convertir en prairies les terrains placés sur le parcours du canal d'irrigation.

La Société avait dépensé 300,000 fr. en travaux préparatoires, lorsque la Révolution française éclata; l'annexion de la Savoie à la France dispersa ses membres, qui appartenaient surtout à la noblesse; l'entreprise ainsi abandonnée eut ses travaux détruits par les crues de la Leysse et de l'Hyère, et l'on fit vendre aux enchères, pour liquider son passif, les terrains acquis dans l'intérêt de la Compagnie.

Ce ne fut qu'en 1823, longtemps après la restauration de la Maison de Savoie, que se forma une nouvelle Société pour reprendre et mener à bonne fin cette utile entreprise; son premier soin fut de modifier les anciens statuts, elle renonça à toutes les prérogatives qui gênaient la liberté de la propriété et réduisit cette opération purement agricole à de plus simples proportions qu'on ne l'avait fait dans le principe.

Cette seconde Société, à la tête de laquelle se placèrent MM. Cuillerie-Dupont, le sénateur de Montbel et plus tard le marquis Léon Costa de Beauregard, a rendu les plus grands services à l'agriculture savoisienne ; c'est grâce à son initiative que les marécages de la vallée du Bourget ont été convertis en prairies , c'est grâce à leur dévouement aux intérêts de la Savoie que cette plaine si malsaine et si triste est devenue l'ornement du pays en même temps qu'elle augmente les ressources fourragères des exploitations.

Les promoteurs de ces deux Sociétés, qui ont éprouvé tant de désillusions, ont bien mérité de l'agriculture savoisienne.

CHAPITRE VI

Société académique, Chambre royale d'agriculture et de commerce de Chambéry.

L'annexion de la Savoie à la République française avait dispersé les membres de la Société économique de Chambéry, fondée en 1772 ; la Restauration de 1815 mit fin aux travaux de la Société libre d'agriculture, qu'un arrêté de l'an VII avait constituée à sa place.

Il n'existait plus en Savoie ni réunions agricoles, ni réunions littéraires, lorsqu'en 1819, des hommes d'étude, de toutes les conditions, formèrent le projet de créer à Chambéry une Société académique. Leur but était de continuer les traditions scientifiques inaugurées par la Société florimontane d'Annecy, fondée en 1607 par saint François de Sales et le président Favre.

Cette Académie fut patronnée par tous les hommes de progrès de notre pays ; S. Ém. Mgr le cardinal Billiet en est le dernier survivant.

La Société académique de Chambéry fut approuvée le 29 avril 1820 ; elle dut s'occuper d'agriculture, surtout à son début, alors que les intérêts agricoles n'avaient pas d'autre organe.

Quelques années plus tard, le 14 janvier 1825, le roi Charles-Félix voulut donner à l'agriculture et au commerce une représentation officielle en créant les Chambres royales de Turin, Gênes, Nice et Chambéry.

Dès ce moment, la Chambre d'agriculture et de commerce prit en main les intérêts agricoles de la Savoie ;

elle eut des séances régulières sous la présidence de l'intendant général du duché, ses annales attestent l'importance de ses travaux.

En parcourant les sept premiers volumes des Mémoires de l'Académie et les Annales de la Chambre, on trouve dans les uns et les autres de remarquables travaux agricoles, dus à plusieurs de leurs membres, nous avons cru devoir les grouper, dans l'appréciation que nous allons en faire, pour éviter des répétitions; nous dirons auparavant un mot sur l'ouvrage de M. J.-J. Roche, qui, par sa date, se place au point où nous sommes arrivés.

CHAPITRE VII

Jean-Jacques Roche, de Moûtiers.

En 1825 parut, à Chambéry, un ouvrage dû à la plume
de M. J.-J. Roche, ancien directeur des salines de Moûtiers ; il portait pour titre *Leçons théoriques et pratiques
d'agriculture*. Ce volume de 368 pages, qui passa à peu
près inaperçu et dont aucune société savante ne s'occupa,
mérite cependant une place distinguée dans les annales
agricoles de notre pays.

Cet ouvrage est, en effet, un des premiers qui ait posé
les principes de la chimie agricole, qui joue un rôle si
important dans l'agronomie moderne.

M. Roche avait étudié cette science, il en fit par goût
l'application à l'agriculture qu'il pratiquait et voyait constamment pratiquer sous ses yeux.

Persuadé que les phénomènes de la végétation ne peuvent s'expliquer qu'avec le concours de la physique et de
la chimie, il consacre la première partie de son ouvrage
à apprendre avec simplicité à ses lecteurs les principes sur
lesquels repose la formation des corps simples, leur affi-
nité entre eux, les conditions dans lesquelles ils se com-
binent ; puis il passe à l'étude chimique et physique de
tous les végétaux ; enfin, après avoir indiqué les conditions
essentielles de la germination, il démontre l'influence des
divers agents gazeux, animaux ou minéraux, sur la végétation.

La seconde partie de ce remarquable ouvrage est consacrée à l'étude de l'agriculture pratique ; la troisième traite

de l'aménagement des bois, du reboisement et des essences qu'il convient de préférer dans les différents sols de notre territoire.

L'ouvrage de J.-J. Roche est encore aujourd'hui l'un des meilleurs qui ait paru, l'auteur a su avec un rare talent vulgariser, rendre simple et facile l'étude de la chimie agricole; ce n'est qu'après avoir initié son élève aux secrets de la végétation, qu'il le juge capable d'apprendre l'agriculture proprement dite.

Ce livre, apprécié, lors de sa publication, comme il méritait de l'être, eut sans nul doute valu à son auteur les plus grands encouragements, tandis qu'il est resté à peu près ignoré.

CHAPITRE VIII

Les écrivains agricoles de l'Académie et de la Chambre d'agriculture et de commerce de Chambéry.

Les travaux de la plupart des écrivains agricoles de la Savoie se trouvent réunis dans les *Mémoires de l'Académie* et dans ceux de la Chambre d'agriculture et de commerce de Chambéry; nous allons en indiquer les principaux auteurs.

DE MOUXY DE LOCHE. — M. le comte de Mouxy de Loche, vice-président de la Chambre d'agriculture et de commerce, de 1825 à 1837, a fait une étude toute spéciale de la culture des abeilles: après avoir rappelé, dans un mémoire intitulé l'*Abeille chez les anciens*, les soins que les Grecs et les Romains prenaient de cet utile insecte, dont ils avaient avant nous étudié les phases de transformation, il nous fait voir l'abeille ouvrière en cire et en miel; ses observations sur leurs usages et leur mode de multiplication l'amènent à rechercher la ruche la plus commode, la plus propice à leurs travaux.

M. de Loche a fait d'autres mémoires sur le drainage, sur la récolte des foins et des moissons, sur l'emploi des vaches aux labours et aux charrois, enfin sur la culture du sarrazin et du robinia; tous ces écrits ont un but pratique, ils sont rédigés avec clarté. Le vice-président de la Chambre, le membre de l'Académie fut un ami sincère de l'agriculture, tous ses efforts ont eu pour but son perfectionnement.

LE DOCTEUR GOUVERT. — Malgré les occupations sans nombre que lui imposaient ses études médicales et sa nombreuse clientèle, M. le docteur Gouvert trouvait dans son inépuisable activité le temps de visiter ses domaines, de faire des expériences et d'en constater les résultats ; homme de science, viticulteur, agriculteur par goût, il a publié, de 1824 à 1837, une série d'articles sur la *Météorologie*, la *Constitution agricole*, les *Soins que réclame la vigne*, les *Marais et leur influence*, la *Culture de la betterave*, enfin sur la *Charrue belge;* dans tous ces écrits, M. Gouvert sait rendre compréhensibles les questions scientifiques les plus ardues, il en tire d'utiles conclusions et donne des conseils qui auraient fait faire des progrès rapides à notre agriculture, si on avait su les mettre en pratique.

Le comte L.-J. Marin. — M. le comte L.-J. Marin est un des hommes qui honorent le plus l'agriculture savoisienne ; propriétaire de terres à petit rendement, il résolut de les améliorer et se fixa au milieu de ses domaines. Anthelme Marin, son père, l'initia de bonne heure à la science agricole ; comme lui, lorsque la Chambre d'agriculture fut constituée, il en fut nommé secrétaire; plus tard, il reçut le titre de membre correspondant de l'Académie; en cette double qualité, il a publié, de 1827 à 1841, vingt-un mémoires d'un mérite incontestable; ses études variées en économie politique et agricole, ses connaissances en zootechnie, en arboriculture fruitière, lui ont permis d'aborder avec succès les questions qui intéressent l'administration et la direction d'une vaste exploitation, l'élevage des bestiaux, les cultures spéciales des plantes et l'art forestier.

Tous ces sujets ont été traités avec savoir et talent; son domaine de la Motte-Servolex, dont il avait conservé la direction, servait d'application à ses théories agricoles.

On lui doit la bonne direction imprimée à la culture des vignes en treillages, l'application en grand des drainages irréguliers par empierrement, l'usage de la faux appliquée à la récolte des céréales, l'extension donnée à la culture des fourrages - racines et tant d'autres pratiques utiles qui nous échappent.

Quand la mort vint le surprendre en 1850 au milieu de ses travaux, son domaine de Servolex avait subi une transformation complète ; il laissait un exemple à suivre à tous les gens du monde qui veulent utiliser leurs loisirs. M. le comte Léonide Marin avait secondé son père dans ses travaux ; à sa mort, il tint à honneur de marcher sur ses traces, à continuer son œuvre, et déjà il a pris rang parmi les agriculteurs qui, comme Anthelme et Louis-Joseph Marin, ont mérité le titre d'amis de l'agriculture.

Le baron Jacquemoud. — M. le baron Jacquemoud, vice-président de la Chambre royale d'agriculture et de commerce de Savoie, de 1840 à 1860, et membre effectif de l'Académie, a su trouver dans sa laborieuse carrière judiciaire des instants de loisir pour se livrer à l'étude de l'agriculture.

Son premier travail remonte à 1833, il fut consacré à établir l'avantage qui résulte pour le producteur et le consommateur de la liberté des marchés. Le but de cet écrit était de faire abolir dans les villes du duché de Savoie la taxe, encore en usage, des comestibles.

On fait remonter l'origine de la taxation des denrées en Savoie à des lettres patentes de Bonne de Bourbon, publiées le 14 février 1392 ; elle eut dans le principe un but utile : on voulait limiter les bénéfices des négociants privilégiés chez qui on était forcé d'aller acheter certaines denrées ; plus tard, quand on eut détruit les priviléges de vente, on conserva la taxe des denrées pour faciliter le paiement de la part revenant au seigneur ou au souverain, part ordinairement cédée à des fermiers.

M. le baron Jacquemoud se faisait, dès cette époque, le promoteur des idées de liberté commerciale qu'on a commencées à adopter trente ans plus tard ; on lui doit encore un mémoire sur l'élevage de l'espèce porcine et un travail, rédigé en collaboration avec M. Joseph Bonjean, sur les épizooties des bêtes à cornes.

Depuis 1848, M. Jacquemoud habitait Turin, où le retenait sa charge de conseiller d'État ; il conserva cependant la vice-présidence de la Chambre d'agriculture de Chambéry, et toutes les fois qu'une question de quelque importance devait s'y traiter, il n'hésitait pas à passer les monts pour prendre part à ses travaux ; la mort est venue le surprendre à Chambéry en 1864, au milieu de ses études favorites.

Camille Cuillerie-Dupont. — M. Camille Cuillerie-Dupont fut le promoteur d'utiles améliorations agricoles ; on lui doit des travaux théoriques et pratiques d'une certaine importance.

C'est grâce à son initiative que fut reprise et menée à bonne fin la canalisation de l'Albanne, destinée à l'arrosage régulier de la vallée du Bourget. Cette entreprise avait dirigé ses études sur les questions qui se rattachent à la création et à l'entretien des prairies. M. Dupont a publié en 1829 et 1830 deux mémoires sur ce sujet ; la même année, il a fourni d'utiles renseignements sur le mûrier multicaule qu'on venait depuis peu d'introduire en Savoie.

Les travaux pratiques de M. Dupont se sont portés de préférence sur les cultures maraîchères et fruitières, et son domaine de Chiron a été de tout temps, comme il l'est encore aujourd'hui, le meilleur pourvoyeur de nos marchés.

D'autres écrivains se sont livrés à des études agricoles de moindre importance, tels sont :

M. Amoudruz, d'Annecy-le-Vieux, qui a publié en 1830, 1832 et 1844, plusieurs mémoires sur le desséchement et l'écobuage du marais d'Épagny, sur le diguement du Fier.

M. Rempin, qui a cherché à populariser en 1827 la culture du trèfle incarnat.

M. Dumont, de Bonneville, qui, en 1836, préconisa le topinambour.

M. Léon Costa de Beauregard, qui a publié en 1829 les résultats obtenus d'un croisement de la chèvre du Thibet avec nos animaux indigènes.

M. Veuillet, qui a donné en 1844 un petit traité de la culture du sainfoin.

M. Favre, d'Evire, célèbre vétérinaire de Genève, qui a fourni plusieurs mémoires sur la zootechnie.

M. Naz, de Thonon, l'inventeur d'une machine à laquelle il a donné le nom de Géonazifère, destinée à remonter la terre jetée par le labour au bas des pentes; il en a expliqué en 1839 le mécanisme et l'utilité.

Tous ces écrits ont été jugés dignes de figurer dans les *Annales de la Chambre royale d'agriculture et de commerce de Chambéry.*

L'histoire de l'agriculture de la Savoie a d'autres noms, d'autres mérites à signaler, nous parlerons de leurs œuvres, de leurs écrits, à mesure que nous les rencontrerons sur le théâtre de leurs travaux.

CHAPITRE IX

**Résumé des services rendus par la Chambre royale
d'agriculture.**

La Chambre royale d'agriculture et de commerce de
Chambéry, dont nous venons d'énumérer une partie des
travaux, n'avait de fonctions *agricoles* qu'en Savoie ; à
Turin, à Gênes, à Nice, ses attributions étaient purement
commerciales.

Cette Chambre, patronnée par le gouvernement sarde,
a cessé de fonctionner en 1860 ; longtemps elle est restée,
avec la Société académique, les seuls organes des intérêts
agricoles ; les ressources que lui avait alloués son fondateur lui ont permis de distribuer des primes, de représenter la Savoie agricole et industrielle dans tous les
concours nationaux et étrangers et de former une importante bibliothèque confiée, à l'époque de l'annexion, à la
Société centrale de Chambéry.

La Chambre d'agriculture a eu trente-cinq ans d'existence ; tous les hommes de progrès de la Savoie ont été
appelés à prendre part à ses travaux, ils ont été fructueux
en résultats ; ses annales ont popularisé les assolements
alternes, l'extension des cultures fourragères, l'alternance des récoltes, les semences nouvelles, les instruments perfectionnés ; c'est par son intermédiaire que les
hommes voués aux intérêts agricoles se sont produits, se
sont fait connaître, et malgré son caractère consultatif,
qui semblait lui enlever toute initiative, elle a souvent
soutenu ou fait connaître les besoins agricoles de la Savoie.

On voit, par cet exposé, que notre pays n'a eu pendant longtemps qu'une représentation restreinte de ses intérêts agricoles, il ne pouvait en être autrement sous une administration qui considérait comme dangereuses pour la sécurité de l'État les associations libres qu'on sollicitait en vain l'autorisation d'établir.

CHAPITRE X

L'association agraire et ses comices.

Dans les premiers mois de 1842, les personnages les plus marquants de la cour de Turin demandèrent l'autorisation de créer une association agricole destinée à étendre ses ramifications à toutes les provinces de l'État.

Charles-Albert céda à leurs sollicitations : un billet royal du 31 mai 1842 détermina les attributions de la nouvelle Société, qui prit le nom d'*Association agraire*. M. le marquis Alfieri di Sostegno, le comte de Cavour, l'avocat Parolleti, le comte de Salmour, l'abbé Baruffi, Brofferio et tant d'autres personnages qui ont joué dès lors un rôle important dans la direction des affaires de l'État, furent appelés à faire partie de la direction; la Savoie y était représentée par MM. Joseph Despine, Ménabréa, alors colonel du génie, Michel Saint-Martin, Auguste Burdin; je pris moi-même une part active à ses travaux.

Cette association étendit rapidement ses ramifications, sous le nom de *Comice,* dans toutes les provinces du royaume; elle eut un journal hebdomadaire, rédigé en langue italienne, traduit pour la Savoie en langue française. Avec les cotisations de ses membres, qui ne tardèrent pas à s'élever à un chiffre considérable, avec les subventions de l'État et les dons de quelques personnes généreuses, l'Association agraire organisa des concours provinciaux. Annecy eut le sien les 1er, 2 et 3 juillet 1845, il fut très brillant; la ville reçut ses hôtes avec la plus cordiale hospitalité, les primes offertes aux diverses branches de l'agriculture amenèrent un concours considérable et les prix y furent vaillamment disputés.

La fête donnée à Annecy par l'Association agraire fut une représentation anticipée des concours régionaux, organisés en France dix ans plus tard. Un essai pratique et dynanométrique de charrues eut lieu pendant ce concours, on lui consacra toute la journée du 2 juillet; il se tint dans une propriété de M. le comte Paul de Sales, ancien ambassadeur de la cour de Turin à Paris et le dernier rejeton direct de la famille de saint François de Sales. M. Paul de Sales, qui avait obligeamment mis son beau domaine de Brogny à la disposition du jury, offrit un banquet de plus de cent couverts aux représentants de l'agriculture, auxquels s'étaient jointes les autorités civiles et ecclésiastiques du pays. M. de Sales fit paraître dans cette circonstance la bonté et l'amabilité qui avaient fait appeler le saint évêque d'Annecy le plus aimable des saints.

Le concours de 1845 fut le seul tenu en Savoie par l'Association agraire. Sous l'influence des idées libérales qui commençaient à agiter les esprits en Italie, les comices devinrent de véritables réunions politiques; le gouvernement s'en émut, il en fit modifier les statuts. Les comices de Chambéry et d'Annecy cessèrent de fonctionner régulièrement en 1848.

L'Association agraire a publié, en dehors de son journal périodique, d'importants travaux sur toutes les questions qui intéressent le développement progressif de l'agriculture. Elle a fourni l'occasion à quelques-uns de nos compatriotes de servir en Piémont et en Savoie la cause agricole; nous leur devons une mention spéciale.

Auguste Burdin. — M. Auguste Burdin, dont le père avait transporté avec tant de succès à Turin et à Milan l'industrie du pépiniériste créée à Chambéry par son aïeul en 1765, fut un promoteur zélé de l'Association agraire. C'est grâce à sa générosité qu'elle put se constituer et s'étendre de bonne heure en Savoie; désireux de mettre sous les yeux des cultivateurs et de leur procurer les instruments nouveaux, il créa à Turin un musée et plus tard une fabrique d'instruments aratoires; c'est à lui que nous devons la riche collection d'arbres d'ornement plantés dans le clos du jardin botanique de Chambéry; c'est lui enfin qui, reconnaissant l'utilité d'une statistique agricole représentant les forces vives du pays, offrit une somme de 1,500 fr. au meilleur projet sur cette importante question.

Michel Saint-Martin. — M. Auguste Burdin avait dans M. Michel Saint-Martin, professeur de mathématiques et de philosophie sous le premier Empire, un directeur expérimenté de ses riches pépinières de Turin, un agriculteur de mérite, un ami dévoué. M. Burdin l'enleva souvent à ses opérations commerciales pour utiliser son talent d'écrivain au profit de l'agriculture; sa théorie élémentaire de la botanique, ses études longtemps suivies sur les paragrêles, ses lettres sur l'institution agricole de Meleto, dirigée par le marquis Ridolfi, démontrent l'étendue des connaissances agricoles et économiques de Michel Saint-Martin. Revenu à Chambéry, retiré des affaires, chargé de la secrétairerie du comice dont il devint le membre le plus zélé, président de la Société d'histoire naturelle, membre effectif de l'Académie de Savoie, il donna partout des preuves de sa vaste érudition; ses écrits se rapportent surtout aux sciences mathématiques, physiques et naturelles, il sut en faire des applications heureuses à l'agriculture. M. François Bebert a publié, après la mort de Michel Saint-Martin, arrivée le 12 décembre 1859, une note biographique sur sa carrière, ses travaux et ses écrits, dans laquelle il a su retracer avec talent les traits caractéristiques de cet homme de bien que ses amis surnommaient le petit philosophe.

JOSEPH DESPINE. — M. Joseph Despine, inspecteur général des mines à Turin, fut aussi un des représentants de l'agriculture savoisienne dans la direction de l'Association agraire; son journal, ses mémoires, ont souvent reproduit de remarquables articles de lui. M. Despine s'était exercé de bonne heure aux travaux statistiques; les annales de l'Académie de Savoie et de la Chambre d'agriculture de Chambéry renferment des écrits du plus grand mérite, dus à sa savante collaboration. M. Despine ne fut pas un agriculteur praticien, c'était l'agronome, le véritable représentant de la science agricole, et soit qu'il parle de la grêle, soit qu'il fasse l'histoire des biens communaux ou qu'il étudie les toitures les plus convenables pour la Savoie, on retrouve en lui l'homme livré aux sciences exactes; mais il y a tant d'ordre dans ses écrits, son style est si clair, si précis, qu'il met la science à la portée de tout le monde.

Les comices créés sous le régime sarde ont mis en relief quelques autres agriculteurs de mérite, nous les retrouverons dans le cours de cet ouvrage. Ces réunions n'ont pas donné en Savoie les résultats qu'on était en droit d'en attendre, parce qu'il n'y avait aucune similitude entre l'agriculture des provinces placées au delà des monts et la nôtre. Le journal hebdomadaire qui se publiait à Turin s'inspirait surtout des besoins des provinces gênoises, niçoises et piémontaises, qui du reste réunissaient un bien plus grand nombre d'associés que la Savoie, aussi les comices d'en deçà des monts cessèrent-ils bientôt de fonctionner; la Société d'histoire naturelle recueillit la plupart de ses membres.

CHAPITRE XI

Société d'histoire naturelle de Chambéry.

L'histoire naturelle est une branche importante de l'agriculture ; c'est à ce titre que nous allons parler de la Société d'histoire naturelle de Chambéry, approuvée par billet royal du 28 septembre 1844.

Cette Société fut pourvue de bonne heure d'une belle installation, grâce à la générosité du roi Charles-Albert, qui lui abandonna tous les bâtiments et les jardins du château ; M. Auguste Burdin se chargea, de son côté, de l'ornementation de ses bosquets.

La Société d'histoire naturelle eut, dès son début, de nombreux souscripteurs, et lorsqu'en 1847 on fit l'inauguration de ses jardins, l'élite de la société savoisienne y assista.

C'est que la Savoie, plus qu'aucun autre pays, renferme pour le naturaliste des richesses précieuses ; nulle part on ne trouve, sur une surface si restreinte, des terrains plus tourmentés, des expositions plus variées, des altitudes si différentes ; les insectes, les oiseaux et les plantes s'y rencontrent en grand nombre.

Ces conditions exceptionnelles sont bien faites pour encourager l'étude des sciences naturelles ; aussi la Savoie a compté et compte encore bon nombre de naturalistes du plus grand mérite. Les limites de ce travail ne nous permettent pas de les signaler tous à votre attention, nous ne pouvons toutefois passer sous silence les services rendus à la science par Albanis-Beaumont, Joseph Daquin, Anthelme Marin, Jean-Louis Bonjean, Auguste Huguenin, Charles-Marie-Joseph Despine, Étienne Borson, tous de Chambéry; Jean-Baptiste Perret, François de Mouxy-Deloche, d'Aix-les-Bains; Werner Delachenal, d'Ugines; Duplan, Roche, de Moûtiers; Mgr Louis Rendu, évêque d'Annecy; tous sont morts en enrichissant la science de leurs observations, de leurs travaux, en jetant un reflet de leur modeste illustration sur leur patrie.

En regardant autour de nous, nous trouvons de dignes successeurs à ces illustres devanciers : S. Em. Mgr le cardinal Billiet, MM. le chanoine Chamousset, Pillet Louis, l'abbé Vallet, Gabriel de Mortillet, Jean-Baptiste Bailly, Réné Perrier de La Bâthie, Louis Bouvier, Songeon, Genin, Charles Calloud, Joseph Bonjean, Foray Camille, le comte d'Arves et tant d'autres dont le nom nous échappe; ils explorent journellement les richesses naturelles de notre beau pays; les écrits, les relations de ces investigateurs infatigables, contribuent puissamment à la renaissance de cette Savoie trop ignorée, en même temps qu'ils signalent à l'industrie les richesses minérales de notre sol.

La Société d'histoire naturelle a imprimé une partie de ses annales, quelques-uns de ses membres ont publié des ouvrages de mérite; les plus importants sont l'*Ornithologie de la Savoie* de Jean-Baptiste Bailly, la *Minéralogie de la Savoie* de Gabriel de Mortillet, la Carte géologique des deux Savoie, faite en collaboration par M. le chanoine Vallet et M. Louis Pillet; le premier a paru en 1853, le second en 1857, le troisième en 1869; ces ouvrages très appréciés attestent l'importance des travaux de la Société.

CHAPITRE XII

**Constitution de 1848. — Ce que les Chambres ont fait
pour l'agriculture de la Savoie.**

La création de l'Association agraire avait eu, nous
l'avons dit, un but politique ; il n'était permis, à ce moment, ni de se réunir pour discuter, ni de recevoir les
journaux français d'une opinion trop libérale ; la presse
était soumise à une rigoureuse censure, on ne pouvait rien
imprimer sans autorisation préalable ; en arborant le drapeau agricole, on obtint beaucoup et c'est sous son égide
tutélaire que se prépara la Constitution de 1848.

Quand par la création de la Chambre des députés on eut
besoin d'orateurs, d'hommes habitués à parler en public,
on vit arriver aux affaires les principaux membres de la
direction de l'Association agraire ; dans leurs réunions
journalières, ils avaient pris l'habitude de la discussion et
s'étaient préparés aux luttes parlementaires.

Ces agronomes, transformés en hommes politiques,
devenus députés ou ministres, n'oublièrent pas l'agriculture dont ils avaient étudié les besoins, dont ils s'étaient
faits les défenseurs, et à peine arrivés au pouvoir, ils
mirent en pratique les réformes qu'ils avaient vainement
sollicitées. C'est à ce moment qu'on créa le dépôt d'étalons
d'Annecy, l'école vétérinaire agricole de la Vénerie ; c'est
en 1851 que se fonda l'enseignement des sciences appliquées à l'agriculture ; dans l'un et l'autre de ces établissements, des places gratuites furent réservées à la Savoie.

M. de Cavour, qui, répondant à un député de la Savoie,

avait rappelé avec orgueil que le noble sang savoisien coulait dans ses veines, crut servir ses intérêts agricoles en fondant, dans le pensionnat si fréquenté des Frères de la Doctrine chrétienne de la Motte-Servolex, des cours d'agriculture, d'économie rurale, d'art vétérinaire, d'art forestier et de chimie agricole ; il avait même proposé à son directeur de se charger d'une ferme école.

Ces cours, confiés à des professeurs expérimentés, salariés par l'État, étaient très suivis ; tous les élèves des classes supérieures avaient demandé à les fréquenter ; un champ d'expériences servait de démonstration aux théories agricoles.

Cet enseignement n'a duré que deux ans, les résultats obtenus en si peu de temps ne laissaient aucun doute sur leur heureuse influence pour l'avenir agricole de la Savoie, si des considérations d'économie n'en avaient trop tôt amené la suppression.

Plus tard, M. de Cavour répondit aux légitimes réclamations de nos députés en proposant une enquête parlementaire sur nos besoins agricoles ; la Chambre nomma pour la représenter cinq membres appartenant à la députation d'en deçà des monts ; cette enquête, appelée à faire connaître les sacrifices que nous occasionnait la guerre portée avec des succès si divers en Italie, à apprendre à la Chambre élective que depuis quelque temps on avait cessé d'entretenir nos routes, interrompu les travaux commencés, réduit au strict nécessaire les services publics, rappelé les troupes ; cette enquête, qui aurait établi que depuis 1849 les sommes considérables que fournissait la Savoie à l'État passaient les monts sans profit pour elle, sans compensation pour le présent et pour l'avenir, cette enquête, disons-nous, fut commencée et peut-être achevée sans que jamais les résultats en aient été connus.

L'agriculture eut à se plaindre dans cette circonstance de la défaillance de quelques-uns de ses délégués, car elle aurait sans nul doute obtenu de justes compensations, que légitimaient l'enchérissement de la main-d'œuvre, l'abaissement du prix des denrées, la pénurie de numéraire et le peu de réciprocité des traités de commerce conclus jusqu'alors.

M. de Cavour était disposé à faire beaucoup pour la Savoie, dont il comprenait la position difficile, l'occasion seule lui manqua. C'est à son puissant appui, c'est à son éloquence que nous devons l'exécution du chemin de fer Victor-Emmanuel, voté au Parlement sarde à une si faible majorité; il crut servir les intérêts de l'agriculture et fonder le crédit agricole en offrant à des conditions peu onéreuses de l'argent à ceux qui en avaient besoin, en créant la banque de Savoie; l'expérience a prouvé que nos populations rurales ne sont pas assez instruites pour profiter de ces institutions de crédit : au lieu d'emprunter pour leur commerce, pour faciliter des opérations à courte échéance, qui pouvaient augmenter leur bénéfice, accroître leur bien-être, nos cultivateurs empruntèrent pour acheter de la terre, et si quelques-uns d'entre eux ont réussi à dégager leur signature, beaucoup ont subi les conséquences de leur imprudence.

Dans les traités généraux de commerce et de douane, conclus avant 1848, nos hommes d'État semblaient trop oublier que la Savoie, par sa position topographique, n'avait de débouchés possibles que sur la Suisse et la France; ses intérêts agricoles se trouvaient souvent sacrifiés, en échange de compensations dont bénéficiait seul le Piémont, qui avait une importance commerciale beaucoup plus considérable.

Après 1848, de nouveaux traités furent conclus et si les intérêts agricoles de la Savoie ne furent pas entièrement sauvegardés, on tint compte cette fois de sa position exceptionnelle : ses produits et ses bestiaux obtinrent des conditions assez favorables pour permettre de les exporter en France.

Pendant que le gouvernement essayait de s'attacher la Savoie qui menaçait de l'abandonner, les conseils provinciaux et divisionnaires votaient d'importants subsides pour encourager l'éducation du bétail, qui constitue une de ses principales sources de richesse ; les communes, de leur côté, faisaient de louables efforts pour améliorer les chemins vicinaux, créer des écoles et constituer l'instruction primaire.

On voit par ce qui précède que si la Constitution de 1848 fut un progrès politique, elle fut aussi pour la Savoie le point de départ de beaucoup d'améliorations agricoles ; une bonne part des faveurs qui lui furent accordées sont dues, il faut le reconnaître, à l'influence de la députation savoisienne, mais la reconnaissance que nous devons à nos délégués ne doit pas nous faire oublier l'appui constant que leur prêta M. de Cavour. Plus tard, il fut l'instigateur de notre abandon ; mais, en jetant ce pays qu'il aimait dans les bras de la France, il crut encore servir sa cause ; car depuis longtemps son tact politique lui avait appris que si un attachement traditionnel à ses rois liait encore la Savoie à la dynastie qui avait pris naissance dans ses montagnes, ses intérêts bien entendus devaient forcément la séparer d'un État qui ne pouvait plus ni la protéger ni concourir à sa prospérité.

CHAPITRE XIII

**Résumé des faits généraux de l'histoire agricole
de la Savoie sous le régime sarde depuis 1815.**

Avant d'aborder le récit des faits qui se lient à l'histoire
actuelle de l'agriculture savoisienne, nous croyons utile de
jeter un coup – d'œil d'ensemble sur le chemin parcouru,
sur les progrès réalisés, sur les améliorations mises en
pratique dans notre système agricole et économique depuis
le commencement du XIXᵉ siècle.

En 1792, la France reçut la Savoie en voie de transformation agricole ; la République et l'Empire ne lui firent
pas faire un pas, et lorsque la Restauration arriva, le
numéraire était devenu, il est vrai, un peu plus abondant,
mais ses greniers et ses étables se trouvaient vides et une
partie de sa population était restée sur les champs de ba-
taille.

C'est dans cet état que la déplorable récolte de 1846
surprit la Savoie. La famine de 1847, qui eut de si terri-
bles résultats pour les habitants de nos montagnes, en fut
la conséquence ; il leur fallut longtemps pour se remettre
et se relever de cet état désespéré.

A ce moment, l'instruction primaire était peu développée, les idées de progrès avaient cependant fait un pas
en avant ; la paix ramenait dans leurs foyers des hommes
mûris par leurs courses guerrières à travers l'Europe, par
leurs succès et leurs tardifs revers ; ils avaient l'expérience des hommes et des choses, ils comprenaient la
nécessité de l'instruction dont ils étaient privés, ils en

firent ressortir les inconvénients dans ces récits que les longues soirées d'hiver provoquent et que les gens des campagnes aiment tant à écouter.

Les besoins stratégiques avaient nécessité l'ouverture de larges voies de communication aboutissant à nos frontières, l'agriculture en profita pour conduire ses denrées sur les marchés éloignés; dès lors, les charrois remplacèrent les transports à dos et les attelages de bœufs se multiplièrent.

La jachère morte était à peu près partout abandonnée, l'assolement quatriennal et quinquennal commençait à devenir coutumier.

On connaissait toutes les plantes agricoles que nous cultivons aujourd'hui; celles d'introduction récente s'étaient cependant peu répandues.

La vigne donnait un meilleur revenu que les champs, on la soignait mieux que les autres cultures.

L'industrie ne pouvait se développer, ayant à nos portes des concurrents plus favorisés qui nous inondaient de leurs produits.

Le commerce extérieur se portait exclusivement sur le bétail, qui n'avait à ce moment que peu de sujets à livrer, la vente des céréales se concentrait dans nos marchés intérieurs, une faible partie s'exportait à Genève.

On voit par cet exposé succinct que lorsque la Restauration de 1815 arriva, l'état agricole de la Savoie était loin d'être prospère; il faut reconnaître cependant que si l'occupation française n'accrut pas notre bien-être matériel, il contribua à élever le niveau intellectuel des habitants de nos campagnes.

D'importantes améliorations se sont produites dès lors

dans toutes les branches de l'économie agricole, nous allons en étudier brièvement les résultats.

La statistique nous fournit quelques données sur ce qu'était l'instruction primaire sous la Maison de Savoie, sur le chiffre de la population, sur notre bétail, etc.

Mgr Rendu, évêque d'Annecy, dans un article inséré dans le *Dictionnaire de la Conversation*, nous apprend qu'en 1838 les 635 communes composant le duché de Savoie avaient 635 écoles de garçons et presque autant pour les filles ; il est vrai qu'un grand nombre de ces écoles étant temporaires occasionnaient des dépenses peu importantes pour loger le maître et les élèves.

D'après la statistique officielle publiée en 1848, la population de la Savoie, qui en 1790 se trouvait de 441,091 habitants, s'élevait en 1848 à 585,591 ; l'augmentation produite en 58 ans serait de 144,500 individus. Cet accroissement est considérable, si l'on tient compte des pertes exceptionnelles occasionnées par les guerres de la République et de l'Empire.

L'accroissement du bétail avait suivi une proportion plus considérable encore, il avait été porté de 425,000 à 580,000, augmentant de 155,000 têtes ; le gros bétail et les chevaux entraient dans ce chiffre pour 106,000.

Le renchérissement du prix des denrées alimentaires et du bétail, joint à un plus fort rendement des terres, avait accru la fortune publique, et l'argent était plus abondant.

Enfin, sous l'influence de toutes ces circonstances et de la modération de l'impôt, la terre avait doublé de valeur.

1848 trouva les caisses de l'État remplies de numéraire ; les armements, l'entretien des troupes en campagne, les eurent bientôt vidées ; on eut recours, pour faire face aux nécessités de la guerre, à une foule d'impôts dont on ignorait même le nom jusqu'alors, et lorsque l'annexion arriva, ils avaient atteint sans compensation leurs extrêmes limites.

Ces charges, qui pesaient surtout sur l'agriculture, enrayèrent un moment sa marche ascendante, nous avons dit ailleurs ce qu'on fit pour la raviver, nous n'y reviendrons pas.

CHAPITRE XIV

Création de la Société centrale d'agriculture
du département de la Savoie.

Depuis que l'Association agraire de Turin, par suite du petit nombre de sociétaires savoisiens, avait cessé de publier son journal hebdomadaire en français, les comices de la Savoie cessèrent de se réunir.

La Chambre royale d'agriculture n'était pas une association libre; ses membres, limités à douze, nommés par le ministre de l'agriculture et du commerce, délibéraient sous la présidence d'un représentant du gouvernement.

Depuis 1849, les agriculteurs n'avaient plus de points de réunion, d'organes libres de leurs intérêts. Ce fut alors que prit naissance la Société centrale d'agriculture de la Savoie.

L'initiative en est due à deux hommes qui ont donné des preuves nombreuses de leur dévouement à la cause du progrès: MM. Fleury-Lacoste et Joseph Bonjean.

Le règlement de la Société, rédigé à Cruet, porte la date du 11 février 1857, l'approbation intendantielle est du 16; elle fut installée par M. Magenta, intendant général du duché, le 19 avril suivant.

La Société centrale reçut un accueil empressé des hommes qui s'intéressent à la prospérité de la Savoie, aussi compta-t-elle dès le début un grand nombre de sociétaires.

La présidence, confiée, dans la séance d'ouverture, à M. Fleury-Lacoste, lui a été continuée sans interruption jusqu'à ce jour.

M. Joseph Bonjean, nommé secrétaire perpétuel de la Société, lui a consacré pendant neuf ans son inépuisable activité.

La Société d'agriculture de Chambéry tient un rang distingué parmi les Sociétés départementales de France; ses bulletins mensuels, ses comptes-rendus annuels, ont un intérêt qu'on rencontre rarement dans les publications de ce genre. Ses concours se succèdent dans les quatre chefs-lieux d'arrondissement de la Savoie, les sommes importantes qui y sont distribuées en primes, donnent de puissants encouragements à nos cultivateurs.

La Société centrale du département de la Savoie compte parmi ses membres des agriculteurs de mérite, des écrivains de talent, qui ont pris à tâche de préconiser dans leurs ouvrages les perfectionnements théoriques et pratiques applicables aux conditions économiques et agricoles de la Savoie; citons les plus méritants :

FLEURY-LACOSTE. — M. Fleury-Lacoste, propriétaire d'importants vignobles à Cruet, a fait une étude spéciale de la vigne, des insectes qui lui font la guerre, des maladies qui l'attaquent.

C'est en 1855 que M. Lacoste fit paraître le *Manuel du Vigneron*; ce livre fut publié au moment où l'oïdium, qui déjà avait envahi nos treillages, menaçait les vignes basses. La première partie de cet ouvrage traite de la culture proprement dite de la vigne, la seconde est consacrée à l'étude de la maladie connue sous le nom d'oïdium, à la recherche des moyens d'arrêter les progrès du mal, de le guérir lorsque déjà il a envahi le cep.

Cet ouvrage, le premier publié en Savoie sur la vigne, reçut un accueil que lui assurait d'avance le mérite personnel de son auteur.

Le moyen proposé pour guérir l'oïdium n'eut pas le succès qu'en attendait M. Lacoste ; comme bien d'autres, il cherchait un remède au mal qui menaçait nos vignobles, il ne devait se trouver que plus tard dans l'emploi du soufre.

En 1862, M. Fleury-Lacoste fit paraître un *Cours élémentaire d'agriculture,* spécialement destiné aux élèves des écoles primaires ; cet excellent petit ouvrage aborde avec simplicité toutes les questions agricoles qu'on peut enseigner à de jeunes enfants.

Depuis que le *Manuel du Vigneron* avait paru, la culture de la vigne avait fait de grands pas ; le docteur Jules Guyot préconisait un système de taille à long bois, qu'on avait jugé jusque-là inapplicable aux vignes basses.

Le nouveau procédé de culture, recommandé par un homme de savoir, par un viticulteur d'un mérite incontestable, par un publiciste autorisé, engagea M. Fleury-Lacoste à l'appliquer à ses vignes du Colombier.

Cet essai, conduit avec persévérance, modifié lorsque la théorie du maître semblait avoir, dans la pratique, des inconvénients, a eu un plein succès ; nous croyons qu'il serait difficile d'avoir des rendements plus considérables que ceux obtenus jusqu'à ce jour par le président de la Société centrale de Chambéry.

En 1865, parut le *Guide pratique du Vigneron.* M. Fleury-Lacoste expose dans ce livre le résultat de ses essais sur la taille à long bois, ainsi que sa théorie sur les avantages de la taille tardive déjà préconisée dans le *Manuel* de 1855.

Ce nouvel ouvrage, dans lequel l'auteur donne un traité complet de la culture de la vigne, ne s'adresse plus seulement à la Savoie, il a sa place marquée parmi les traités de viticulture de nos meilleurs écrivains.

Le président de la Société centrale est un travailleur infatigable : la presse agricole, périodique, le journal de la Société, publient journellement des écrits de lui.

M. Fleury-Lacoste a reçu du gouvernement sarde et du gouvernement français des encouragements mérités, auxquels tous les amis de l'agriculture ont applaudi.

Joseph Bonjean. — M. Joseph Bonjean s'est livré de bonne heure à l'étude des sciences, ses travaux lui ont valu jeune encore un grand nombre de titres honorifiques ; il est l'un des membres les plus anciens de l'Académie de Savoie.

C'est dans les annales de la Chambre royale d'agriculture et de commerce de Chambéry, dont il était membre, qu'il a commencé à s'exercer aux études agricoles ; la *Monographie de la pomme de terre,* publiée en 1846, est une étude complète de l'histoire de la culture, de la conservation et des maladies de ce précieux tubercule.

Cet ouvrage, couronné en 1847 par la Société royale de médecine de Gand (Belgique), fut très recherché à son apparition, chacun voulut connaître l'origine, la nature et les conséquences de la maladie qui menaçait l'un des principaux aliments des classes ouvrières.

Les expériences, les analyses chimiques de M. Joseph Bonjean, en jetant un grand jour sur les conséquences hygiéniques de cette maladie, ont puissamment contribué à rassurer les consommateurs.

M. Bonjean est un des fondateurs de la Société centrale d'agriculture de Chambéry, il en fut nommé secrétaire perpétuel en 1857 et conserva ce titre jusqu'en 1866 ; à cette époque, ses occupations multipliées l'obligèrent de céder à un autre ces honorables fonctions. Pendant neuf ans, M. Bonjean a donné ses soins à cette Société, qui était en partie son œuvre ; les bulletins mensuels, les comptes-rendus annuels, attestent par leur importance combien il lui fut dévoué, combien il contribua à étendre ses correspondances, à la faire connaître.

En 1863, M. Bonjean fit paraître *La Savoie agricole, industrielle et manufacturière;* le but de l'auteur est de signaler aux étrangers les ressources de notre sol, la nature de ses produits variés, ses bestiaux, ses forêts, sa puissance productive, ses exportations ; c'est un guide que les étrangers qui parcourent nos pays aiment à avoir à la main.

M. Joseph Bonjean a publié d'autres ouvrages purement scientifiques, il n'entre pas dans le cadre que nous nous sommes tracé d'en entretenir nos lecteurs.

Montmayeur, d'Albertville. — M. Montmayeur a été longtemps attaché à la presse périodique ; plus tard, devenu propriétaire, il mit son talent d'écrivain au service de l'agriculture. En 1865, il fit paraître, sous le titre de *Savoie et Savoyards,* des notes de statistique agricole du plus grand intérêt; ce petit ouvrage renferme la matière de plusieurs volumes; l'auteur, en multipliant les chiffres, a su dire beaucoup en peu de mots; c'est, on peut le dire, l'histoire chiffrée de l'agriculture de la Savoie.

M. Montmayeur divise son livre en quatre parties : la première est consacrée à la population et à son degré d'instruction; la seconde donne la superficie du sol de la Savoie, sa division, ses zones ; la troisième fournit les chiffres de la population animale par espèces ; la quatrième fait connaître l'étendue des biens communaux, le prolétariat, l'émigration.

Dans cet ouvrage, M. Montmayeur a su faire ressortir la richesse agricole de la Savoie, la valeur de nos classes ouvrières, l'étendue de nos ressources en bestiaux, sans cependant en laisser ignorer les parties faibles.

Une année après, en 1866, à la suite de l'enquête agricole, M. Montmayeur a publié une brochure consacrée au crédit agricole. L'auteur a cherché à établir, dans ce travail, qu'avant l'annexion le crédit agricole était constitué en Savoie par les caisses d'épargnes.

Ces caisses, qui avaient un caractère tout à fait privé, faisaient en effet l'office de receveur des économies des classes ouvrières et de pourvoyeurs de leurs besoins. On donnait un intérêt de quatre et demi pour cent aux déposants, on prêtait ce même argent au cinq, pour un terme de six, douze ou dix-huit mois; la garantie de ce prêt, consenti sur une obligation privée, se trouvait dans les deux cautions que devait fournir l'emprunteur.

Ces caisses, on doit le reconnaître, ont rendu d'immenses services à nos classes rurales, elles pourraient continuer leur action bienfaisante, sous l'égide du gouvernement, en modifiant dans ce sens les statuts actuels.

On voit, par cette analyse succincte des principaux ouvrages de M. Montmayeur, qu'il s'est surtout livré à l'étude des questions d'économie agricole; en qualité de secrétaire du Comice, de membre de la Société centrale, il est l'âme des concours de son arrondissement, et dans toutes les circonstances on le trouve prêt à mettre son temps et ses connaissances au service de l'agriculture.

CHARLES CALLOUD. — M. Charles Calloud, originaire de Rumilly, est aussi un homme de science, un chimiste de mérite, qui, comme Joseph Bonjean, consacre une partie de ses loisirs à l'étude de l'agronomie; il a fait imprimer en 1851 un travail sur l'amendement des terres, en 1862 un mémoire sur les miels de la Savoie, une analyse d'une terre argileuse en culture ; son ouvrage magistral est une *Étude sur les irrigations*, qu'il avait choisie en 1866 pour texte de son discours de réception à l'Académie de Savoie. Ce travail est sans contredit le plus complet publié jusqu'à ce jour sur ce sujet qui intéresse à un si haut degré la prospérité de l'agriculture.

M. Calloud a fait une étude spéciale de l'hydrologie de la Savoie au point de vue de la salubrité des eaux potables ; ses analyses chimiques se sont étendues à toutes les sources d'eau minérale qui se trouvent en si grande abondance sur divers points de notre territoire.

CHAPITRE XV

Les Comices agricoles en Savoie.

A l'époque de l'annexion de 1860, les comices, qui sont des associations agricoles très anciennes en France, n'existaient pas en Savoie. Leur but éminemment utile n'échappa pas à nos populations rurales, dont ils sont plus spécialement appelés à prendre les intérêts ; en peu de temps ils réunirent un grand nombre de sociétaires.

Les comices ont rendu et rendent journellement des services signalés à l'agriculture ; les récompenses qu'ils distribuent dans les fêtes agricoles, sont reçues avec reconnaissance par nos petits propriétaires, par les fermiers et les métayers, dont ils encouragent les travaux.

C'est dans les fêtes comiciales, auxquelles leur titre de sociétaires les convient, qu'ils apprennent à distinguer les animaux les plus parfaits, les meilleurs instruments de culture, les fruits, les légumes de choix ; c'est dans leurs réunions qu'ils entendent discuter les bonnes pratiques, qu'ils reçoivent des conseils dont ils savent profiter.

Nous ne pouvons parler de ces Sociétés qui font le bien, qui poussent aux progrès, en encourageant le moindre succès, en signalant le mérite agricole le plus modeste, sans rendre hommage au dévouement de leurs présidents ; nous voyons figurer parmi eux des députés, des médecins, des financiers, des avocats, de grands propriétaires, qui tous ont accepté et poursuivi sans défaillance leur œuvre de dévouement aux intérêts des classes agricoles. Chambéry, depuis sa fondation, a porté à la présidence de son

9

comice M. Charles Sylvoz, qui s'est fait agriculteur pour prouver par son exemple que tant vaut le cultivateur, tant vaut la terre.

Le docteur Louis Guilland, président de l'Académie, est à la tête du comice d'Aix ; l'habile direction qu'il a su imprimer à ses travaux fait ressortir une fois de plus que toutes les sciences sont sœurs et que l'agronomie trouve un puissant appui dans les connaissances variées qui font le bon médecin.

Les comices d'Albertville, de Saint-Jean de Maurienne, de Moûtiers, de Pont-Beauvoisin, d'Annecy, de Saint-Julien, de Bonneville, de Thonon, voient figurer à leur tête deux députés, des membres du conseil général et du conseil d'arrondissement, MM. Bérard, Pissard, Jacquemoud, Guille, Berlioz, Bastian.

Tous ont droit à notre reconnaissance pour les services signalés qu'ils rendent à l'agriculture.

C'est aussi après l'annexion que la Haute-Savoie a constitué sa Société départementale.

La tradition rapporte que la ville d'Annecy aurait eu, au commencement du xviiie siècle, longtemps par conséquent avant Chambéry, une *Société des laboureurs*, dont saint Isidore était le patron ; nous n'avons pas cru devoir en parler à cette époque de notre histoire, parce qu'aucun auteur ne donne la date de sa constitution et la nature de ses travaux, ce qui ferait supposer que c'était plutôt un patronage qu'une société.

Le département actuel de la Haute-Savoie n'a fourni qu'un petit nombre d'écrivains agricoles avant son annexion à la France. On en chercherait à tort le motif dans l'état de son agriculture, car de bonne heure on y a mis en pratique les perfectionnements culturaux de la Suisse.

Le motif réel de cet état apparent d'infériorité se trouve dans la centralisation exercée, sous le régime sarde, au bénéfice de la capitale du duché.

C'était à Chambéry, centre politique de la Savoie, que se trouvaient le palais du souverain, la chambre des comptes, le sénat, les gouverneurs et, plus tard, l'intendant général du duché ; toutes ces circonstances en avaient fait le centre intellectuel de la Savoie.

L'importance accordée à la ville de Chambéry au préjudice de celle d'Annecy, était regardée d'un œil jaloux par ses habitants, qui lui attribuaient l'annihilation de leur cité.

Depuis l'annexion, Annecy est devenu le chef-lieu du département de la Haute-Savoie ; il a repris son autonomie, et déjà des auteurs agricoles de mérite sont venus enrichir ses annales de leurs travaux ; citons quelques noms :

Mol, de Faverges. — M. Mol, de Faverges, est le doyen des viticulteurs de la Haute-Savoie, comme M. Fleury-Lacoste l'est de la Savoie.

M. Mol, ancien négociant, devenu propriétaire à Faverges dans un milieu qui semblait peu favorable à la culture de la vigne, a su prouver par son exemple que cet arbuste précieux a droit de cité à peu près partout en Savoie, mais pour réussir il faut savoir choisir une exposition convenable, ne rien négliger pour donner au sol une bonne préparation, faire un choix de cépages appropriés au milieu dans lequel ils doivent végéter, entretenir la fécondité, l'aération et la propreté de la terre, enfin donner au cep une taille rationnelle.

M. Mol ne s'est pas contenté de prêcher d'exemple, il a publié dans le *Sud-Est* des articles pleins d'intérêt, qu'il est regrettable de ne pas trouver réunis; aussi a-t-il eu de nombreux imitateurs; on lui doit un mémoire sur la viticulture du département de la Haute-Savoie, la monographie du persan, sa culture et ses produits; un mémoire sur la fermentation des vins rouges en cuve close; un écrit sur l'opportunité de la liberté des vendanges, une série de conseils adressés à M. le baron de Vignet sur la plantation d'une vigne, et sans doute bien d'autres travaux qui ne nous sont pas connus.

La Haute-Savoie a dans M. Mol un viticulteur praticien, un écrivain convaincu, qui a droit à toutes nos sympathies.

DUFOURD, DE RUMILLY. — M. Joseph Dufourd a quitté de bonne heure la haute position qu'il occupait dans la magistrature savoisienne pour mettre en pratique ses études agricoles; comme M. Mol, il a réuni la théorie à la pratique et sa plume exercée a donné à la presse périodique un grand nombre d'articles agricoles; il a publié, en 1861, une notice sur la culture du mélèze; en 1865, un mémoire sur la propagation de la vigne, et en dernier lieu, en 1868, une notice sur l'assolement triennal, sur les applications qu'il en a faites à son domaine de Rumilly. Dans ce dernier ouvrage, qui est le résumé de ses opérations culturales, l'auteur fait suivre pas à pas toutes les phases de ses travaux, la division de son sol, les plantes qu'il a préférées, les soins qu'il leur donne, le point où il est arrivé.

Les résultats obtenus par M. Dufourd prouvent une fois de plus que la terre paye largement les soins qu'on lui prodigue, les capitaux qu'on lui confie, en même temps qu'elle procure à ceux qui servent sa cause une considération méritée.

CHAUTEMPS, DE VALÉRY. — M. Chautemps Marie, de

Valéry (Haute-Savoie), est encore un des hommes qui honorent notre pays ; sorti des rangs modestes de l'agriculture pratique, il a su, par son mérite personnel, par son travail, obtenir la prime d'honneur régionale, qui est la plus haute récompense à laquelle puisse aspirer un agriculteur. Absorbé par la direction d'un nombreux personnel, d'une grande exploitation, il n'a pu jusqu'à présent faire comme écrivain ce qu'auraient désiré ses imitateurs ; en dehors de quelques articles d'actualité parus dans les journaux agricoles, nous n'avons de lui qu'une brochure sur les fruitières.

Dans ce travail, M. Chautemps initie son lecteur aux conditions indispensables pour qu'une fruitière puisse réussir, il pose les bases de l'association, construit le local, fixe la part des dépenses de chacun des sociétaires d'après le nombre de vaches maintenu dans leurs étables ; il détermine le mobilier, le personnel nécessaire et donne les résultats probables de cette association, le prix qu'on obtiendra du litre de lait livré à la fruitière. L'ordre, la clarté de ce travail, la précision des renseignements qu'il fournit, font regretter que M. Chautemps ne prenne pas plus souvent la plume.

M. Demôle, de Bossey, M. Dagand, médecin à Alby, l'abbé Gex, d'Annecy, M. Clément, vétérinaire à Saint-Julien, M. Bocquet, d'Alonzier, le comte de Villette, de Giez, le docteur Lachenal, M. Amoudruz, d'Annecy-le-Vieux, ont publié des écrits agricoles qui ont paru dans les journaux périodiques et dans les bulletins annuels des comices et de la Société départementale de la Haute-Savoie. Toutes ces publications ont en vue l'amélioration de nos productions agricoles, le perfectionnement de nos bestiaux, l'accroissement de notre richesse nationale.

On voit, par ce qui précède, que depuis 1860 la Haute-Savoie a fait beaucoup pour l'agriculture et qu'elle compte dans ses rangs des écrivains de mérite.

CHAPITRE XVI

Les élèves savoisiens des écoles régionales
d'agriculture de France.

L'annexion prolongée de la Savoie à la France, de 1792
à 1815, avait habitué les Savoisiens à considérer cette
grande nation, dont ils partageaient les aspirations, le
langage et les mœurs, comme une sœur aînée appelée à
leur procurer les établissements scientifiques que le petit
État auquel ils se trouvaient politiquement liés ne pouvait
leur donner.

C'est à Paris, à Lyon, à Montpellier, que nos étudiants
avaient l'habitude de se rendre pour compléter leurs études
scientifiques et médicales.

Depuis que l'agriculture s'est appuyée sur la science
pour perfectionner ses cultures et augmenter ses moyens
de fertilisation du sol; depuis que la physique, la chimie,
l'histoire naturelle, l'économie agricole, l'art forestier,
l'art vétérinaire et la comptabilité sont devenus des connaissances indispensables à un agronome, il s'est établi
des écoles d'agriculture où les jeunes gens désireux de
s'instruire trouvent la théorie à côté de la pratique.

Dès 1822, Mathieu de Dombasle, qui est sans contredit
le meilleur écrivain agricole de notre siècle, avait fondé à
Roville une école libre, d'où sont sortis d'excellents élèves;
les revers de fortune, qui ont obligé le célèbre écrivain à
abandonner son œuvre, prouvent que pour marcher d'un
pas assuré dans la voie des progrès agricoles, il est indispensable d'unir à la théorie une sage pratique.

Grignon a été le premier établissement créé par le gouvernement français : Auguste Bella, son illustre fondateur, avait longtemps séjourné en Savoie, il s'y était marié, et sans doute il a puisé au milieu de nos riches campagnes le goût prononcé pour l'agriculture, qui en a fait la personnalité agricole la plus marquante de France.

La Saulsaie, sous la direction de M. Nivière, Grand-Juan, sous celle de M. Riefeld, étaient, comme Rovile, des écoles libres d'agriculture ; elles ont été transformées en écoles régionales.

Ces divers établissements d'instruction agricole ont reçu dès le début plusieurs élèves de la Savoie ; c'est Grignon qui en a eu le plus grand nombre ; on voit figurer sur la liste de l'école :

En 1833, M. Arragon Charles, des Échelles (Savoie).
Id.   M. Arragon Auguste,   id.   (id.).
En 1839, M. Donnet Napoléon, d'Albertville (id.).
En 1840, M. Tochon Pierre, de Chambéry (id.).
En 1842, M. Bastian Célestin, de Frangy (H^te-Savoie).
En 1843, M. Finet Jules-Ét., de Chambéry (Savoie).
En 1847, M. Bastian François, de Frangy (H^te-Savoie).
En 1854, M. Dubouloz Pier.-Aug., de Thonon (id.).
En 1857, M. Baer Édouard-G., de Macheron (id.).
En 1860, M. Ract L., de Ste-Hélène du Lac (Savoie).
En 1860, M. Piollet Louis-Victor, de Lucey (id.).

Grand-Juan, situé dans la Seine-Inférieure, a reçu en 1848 M. Bastian François, de Frangy (Haute-Savoie).

La Saulsaie, placée plus près de nous dans le département de l'Ain, a eu pour élèves :

En 1843, M. Revil Claudius, de Novalaise (Savoie).
En 1852, M. Barlet Victor-Nicolas, de Chambéry.

MM. Donnet, Tochon, Finet, Baer et Piollet, élèves

diplômés, ont reçu le titre d'élèves de Grignon, équivalant à celui d'ingénieur agricole.

En comparant cet état nominatif avec celui de chaque département français, on trouve qu'avant l'annexion la Savoie a fourni aux écoles régionales d'agriculture un contingent plus considérable que la plupart d'entre eux.

CHAPITRE XVII

Les écrivains savoisiens de la presse agricole française.

L'histoire de l'agriculture de la Savoie serait incomplète, si nous ne revendiquions l'honneur d'avoir vu naître parmi nous, d'être le pays d'origine de quelques-uns des hommes qui occupent un rang distingué dans les conseils du gouvernement, dans la direction des écoles impériales, dans la presse périodique.

La Haute-Savoie est le pays d'origine de M. Victor Rendu, le doyen des inspecteurs généraux de l'agriculture ; dans cette haute position, il s'est constamment montré le protecteur zélé des intérêts agricoles. Ses nombreux écrits, ses travaux ampélographiques, lui ont assigné de bonne heure un rang distingué parmi les meilleurs écrivains.

M. Delavenay, vice-président de section au conseil d'État, le défenseur autorisé des questions agricoles, est originaire des environs de Frangy (Haute-Savoie).

M. François Bella, directeur de l'école impériale de Grignon, est un des dignitaires agricoles de la France que Chambéry a vu naître. Si ses devoirs de professeur et de directeur ne lui ont pas permis de prendre une part active au perfectionnement de notre agriculture, il n'a jamais cessé de s'y intéresser.

Depuis l'an VII de la République, Auguste Bella, l'illustre fondateur de Grignon, et plus tard son fils, ont tenu à honneur de faire partie des Sociétés agricoles qui se sont succédé en Savoie ; encore aujourd'hui, M. Auguste Bella est président honoraire du comice d'Aix-les-Bains.

En 1863, au concours régional de Chambéry, M. Barral, le savant publiciste, l'ancien directeur du *Journal d'agriculture pratique*, le fondateur du *Journal des agriculteurs*, en terminant un remarquable rapport sur les instruments de la Savoie, a rappelé son origine savoisienne ; voici ce qu'il disait :

« On aime le pays où l'on est né, je crois fermement que nous aimons mieux le pays où ont vécu nos ancêtres. Or, je n'oublierai jamais que mon père est né dans vos plus hautes montagnes, que tous ses parents les ont habitées durant des siècles. »

Constatons, en terminant, que peu de départements sont mieux représentés que nous dans les illustrations agricoles de la France.

LIVRE IV

L'AGRICULTURE DES DEUX DÉPARTEMENTS DE LA SAVOIE
DANS SON ÉTAT ACTUEL.

Avant de clore le récit des faits généraux qui caractérisent l'agriculture de la Savoie, nous allons l'étudier
dans son état actuel, en tenant compte de sa situation,
de son climat, de ses voies de communications ; nous
rechercherons ensuite le chiffre de sa population, son degré
de moralité, son instruction élémentaire et agricole, ses
émigrations, leur nature et leur influence ; puis nous
indiquerons les changements survenus dans sa division
territoriale, dans ses assolements ; nous constaterons la
progression de son bétail, son amélioration ; nous dirons
un mot de ses produits, de leur exportation, des marchés
qui leur sont ouverts ; enfin nous apprécierons la valeur
actuelle de la propriété foncière au double point de vue
du prix qu'on en obtient et du revenu qu'elle donne.

CHAPITRE PREMIER

Situation, climat, météorologie, étendue des zones de production, voies de communications de la Savoie.

D'après Gabriel de Mortillet, « la Savoie est comprise entre le 45e degré 4 minutes et le 46e degré 24 minutes de latitude nord et entre le 3e degré 16 minutes et le 4e degré 48 minutes de longitude à l'est de Paris.

« Sa plus grande longueur du nord, depuis les rochers de Meillerie au bord du lac de Genève, au sud-est, jusqu'au Mont-Galibier vers le département des Hautes-Alpes, est de 80 milles géographiques; sa plus grande largeur de l'est, depuis le Mont-Iseran, à l'ouest jusqu'à Saint-Genix d'Aoste, est de 65 milles.

« Sa superficie totale est de 11,052 kilomètres carrés.

« Le point le plus élevé est le Mont-Blanc, montagne la plus haute de l'Europe ; elle a 4,810 mètres; le point le plus bas est au confluent du Rhône et du Guiers à Saint-Genix; son élévation est de 222 mètres.

« La Savoie a pour limites, au midi, les départements de l'Isère, des Hautes-Alpes et le Piémont; à l'est, le Val d'Aoste, le Piémont et le Valais (Suisse); au nord, le lac Léman; à l'ouest, les départements de l'Ain et de l'Isère.

« Le sol de la Savoie étant très varié et très accidenté, le climat et les conditions météorologiques varient beaucoup d'un point à un autre et souvent à de très petites distances. C'est ainsi que dans la vallée de l'Arve, près de Bonneville (Haute-Savoie), la vigne vient très bien et donne un bon vin du côté qui regarde le sud, à Ayse, par exemple, tandis qu'en face, côté qui regarde le nord, à Pontchy et Thuet, elle manque complètement, et sur ce côté le rhododendron ou rose des Alpes descend jusqu'à une hauteur où l'on trouve encore de la vigne, à Ayse; le même fait se reproduit à une altitude beaucoup plus considérable dans la vallée d'Aime (Savoie), où l'on rencontre au sud la vigne jusqu'à une altitude de 790 mètres.

« Le point le plus chaud de la Savoie est la plaine qui s'étend de Saint-Pierre d'Albigny à Montmélian et Chambéry; cette plaine, d'après les observations faites à Chambéry, a une température moyenne de 11° 70 centigrades, qui peut descendre, dans les endroits élevés et découverts, comme aux Marches, à 10° 36.

« En s'enfonçant dans les vallées des montagnes, cette température diminue; ainsi, à Saint-Jean de Maurienne, ville située plus au sud que Chambéry, la température moyenne n'est plus que de 9° 70.

« En remontant vers le nord, la température s'abaisse aussi; à Genève, elle est également de 9° 70.

« L'élévation a une grande influence sur l'abaissement de la température. Ainsi, au même degré de latitude, on voit la vigne prospérer dans la plaine, tandis que le sommet des montagnes reste éternellement couvert de neiges et de glaces.

« En Savoie, de 200 à 600 mètres au-dessus de la mer, la température moyenne diminue d'un degré tous les 116 mètres de hauteur, et de 600 mètres au sommet des montagnes; la même diminution a lieu tous les 247 mètres.

« Cette différence de température, à mesure qu'on

s'élève, produit une grande différence dans l'époque de la maturité des fruits. Ainsi la haute montagne produit encore des fraises et des cerises, quand la plaine donne déjà d'excellents raisins. Les fraises durent près de six mois, les cerises, au moins trois mois.

« Les vents varient beaucoup dans les diverses parties de la Savoie, suivant les reliefs du sol. Mais, en général, le vent du nord, connu sous le nom de *bise,* et celui de l'est, assurent le beau temps ; le vent du sud, désigné simplement sous·le nom de vent, et de l'ouest, amènent les pluies , s'étant saturés de vapeur en traversant la Méditerranée et l'Océan. La grande mobilité des vents, occasionnée par les montagnes, fait parfois éprouver de brusques changements de température.

« Le printemps est ordinairement pluvieux ; pendant les mois d'avril, de mai et une partie de juin, le temps est très variable et humide. Le passage de l'hiver à l'été se fait à peu près sans transition. Cette dernière saison est communément belle, chaude et sèche. L'automne , bien qu'un peu froide, est aussi en général belle, mais parfois pluvieuse sur la fin d'octobre et en novembre. Quant au mois de septembre, c'est habituellement le plus agréable et le plus beau de l'année. »

Nous n'ajouterons rien à la savante appréciation de M. de Mortillet, nous l'avons reproduite en entier , parce qu'elle rend parfaitement compte de la situation , du climat et de la météorologie de la Savoie.

Étendue des zones agricoles. — La superficie totale du sol de la Savoie est de 1,105,200 hectares.

Les cultures des plaines, des vallons et des coteaux ont environ 350,000 hectares.

Les bois et les forêts occupent les contre-forts des

montagnes, les parties élevées où cesse la culture, et s'étendent jusqu'aux pâturages ; ils sont de 250,000 hectares. Les pâturages alpestres qui les avoisinent et les dominent ont 183,000 hectares.

Les glaciers, les masses rocheuses, le cours des rivières et des torrents, les lacs, les landes, les voies de communications, seraient ainsi de 322 hectares.

Les forêts, les pâturages, constituent à eux seuls la grande propriété ; l'État et les communes en possèdent une partie ; le surplus est divisé en lots de 50 à 200 hectares ; les bois des demi-coteaux appartiennent à la moyenne et à la petite propriété, qui se partagent le sol de la Savoie.

Nous nous sommes longuement arrêté sur l'état de nos forêts et de nos pâturages, nous n'y reviendrons pas, nous constaterons seulement qu'obéissant à la loi générale, la cavilité des montagnes s'étend aux dépens des pâturages alpestres et que la zone culturale s'agrandit au préjudice des bois ; on défriche.

Le défrichement de nos bois a commencé à l'époque de l'invasion romaine : ces conquérants mirent le feu à nos forêts pour s'ouvrir un passage et nous subjuguer ; plus tard, de pieux cénobites défrichèrent nos coteaux ; leur œuvre civilisatrice avait pour but d'assainir nos vallées, d'assurer la sécurité des voyageurs et de remplacer des bois sans valeur par des plantations fruitières pour procurer une nourriture salutaire aux populations qui s'établissaient dans ces pays ; nos belles plantations de châtaigniers remontent à cette époque reculée et longtemps leurs fruits furent le principal aliment de nos cultivateurs.

L'accroissement de la population et plus tard la culture de la pomme de terre ont hâté la destruction de ces bois de châtaigniers cinq ou six fois séculaires ; ceux qui restent debout aujourd'hui attestent la puissance de notre sol, en même temps qu'ils nous rappellent les modestes ouvriers de la civilisation, qui les ont plantés.

Les défrichements des montagnes, des pentes et des coteaux, ont occasionné des désastres de toute nature dans nos vallées ; il est temps de les arrêter d'une manière absolue, si l'on veut éviter de plus grandes catastrophes et réparer le mal.

La zone des cultures occupe aujourd'hui tous les points de la Savoie où il est possible de récolter les céréales les moins exigeantes ; elles se réduisent, dans les sommités alpestres, aux seules céréales de printemps et aux légumes les plus rustiques.

En dehors de quelques plaines, les terrains cultivés sont tous plus ou moins pentueux ; cette circonstance, jointe à la division et au morcellement du sol, empêche généralement l'emploi des instruments perfectionnés, qui rendent d'importants services à la grande propriété.

Sur une échelle culturale partant de 222 mètres d'altitude pour s'élever à 1,200 mètres, croissent les produits les plus variés.

Le maïs se plaît dans les alluvions de l'Isère et de l'Arc ; on le rencontre dans toutes les plaines et les demi-coteaux des arrondissements de Chambéry, d'Albertville et d'Annecy ; il cesse de donner des résultats avantageux au-dessus de 500 mètres d'altitude.

On plante le mûrier pour sa feuille dans les mêmes conditions ; on ne le trouve plus à l'état de culture industrielle au-dessus de 400 mètres.

Le froment d'hiver se récolte jusqu'à 900 mètres.

La vigne basse occupe dans le département de la Savoie 11,209 hectares et 7,346 dans celui de la Haute-Savoie ;

on la place de préférence sur les pentes et les coteaux, suivant de près, dans les expositions abritées, la culture du froment.

Le chanvre, le colza et les betteraves, semés en petits lots, servent principalement aux besoins du ménage.

Le tabac et le mûrier sont ainsi les seules plantes industrielles cultivées sur quelques points limités de nos deux départements.

Voies de communication. — La Savoie avait, à l'époque de l'annexion, de grandes voies de communications, qui la reliaient sur plusieurs points à la France, à l'Italie et à la Suisse.

La construction de la route royale de Lyon à Turin remonte au premier Empire, celle de Chambéry à Genève par Annecy est d'une date plus récente ; leur développement était, en 1860, de 640 kilomètres, dont les deux tiers environ se trouvaient à l'état d'entretien et de grosse réparation, un tiers en lacune.

En dehors de ces routes à la charge de l'État, les sept provinces du duché de Savoie se trouvaient reliées entre elles par des routes dites provinciales, d'un développement de 454 kilomètres. Il n'existait pas de chemins de grande et de moyenne communication, mais celles de cette classe se trouvaient désignées sous le nom de routes consortiales. Enfin tous les chemins qui ne se trouvaient pas dans l'une des classes indiquées ci-dessus rentraient dans les chemins vicinaux.

Les routes royales entretenues par l'État, les routes provinciales à la charge des provinces, les routes consortiales à la charge des associations communales, laissaient peu à désirer ; mais leur développement était tout à fait insuffisant. Quant aux chemins vicinaux entretenus par les seules prestations, ils étaient dans un état d'abandon difficile à décrire.

Le premier soin de l'Administration française fut de faire étudier les moyens de mettre nos voies de communications en rapport avec celles des départements voisins. Il résulte d'un travail du regretté M. Comte, alors ingénieur en chef du département de la Savoie, que, tandis que le département de l'Ain possédait 6 kilom. 30 de chemins classés par 1,000 habitants, la Savoie n'en avait que 2 kil. 10.

L'État, chargé d'une manière indéfinie de la construction et de l'entretien des routes impériales, prit à sa charge, jusqu'au 31 décembre 1865, les routes départementales anciennes ainsi que la construction de celles nouvellement classées; l'évaluation de cette dépense pour les cinq ans fut portée, pour la Savoie, à 6,538,000 fr., et pour la Haute-Savoie, à 8,943,900 fr.

Nos populations ont puissamment secondé les efforts du gouvernement ; les communes et les propriétaires n'ont reculé devant aucun sacrifice pour améliorer notre vicinalité; aussi l'ensemble de nos routes, dont le développement s'est considérablement augmenté, laisse-t-il peu à désirer aujourd'hui.

Voici, du reste, d'après le compte-rendu des travaux du conseil général de la Savoie et de la Haute-Savoie, le développement des chemins à l'état d'entretien au 3 décembre 1869 :

	Savoie.	Haute-Savoie.
Routes impériales............	339 kilom.	315 kilom.
Routes départementales.......	344 —	385 —
Réseau vicinal.		
Routes de grande communic[n]..	265 —	372 —
Id. d'intérêt commun.....	505 —	293 —
Chemins vicinaux ordinaires..	871 —	929 —
TOTAL pour la Haute-Savoie.		2.294 kilom.
TOTAL pour la Savoie.......	2.324 kilom.	2.324 —
TOTAL GÉNÉRAL.....		4.618 kilom.

Si nous appliquons à ces données les calculs faits par M. Comte, nous trouvons que le développement kilométrique des voies de communication, qui était en 1860 de 2 kil. 10 par 1,000 habitants, est maintenant de 8 kil. 46 ; les deux Savoie se trouvent donc mieux partagées en 1869 que ne l'était le département de l'Ain pris pour terme de comparaison.

Comme moyen de transport économique, la Savoie profite, pour son commerce avec Lyon, de la navigation du lac du Bourget et du Rhône qui borde son territoire sur 40 kilomètres environ. D'importants travaux ont été exécutés pour créer des ports d'abordage à Aix et au Bourget, ainsi que pour faciliter le passage du Canal de Savière qui relie le lac au Rhône.

Depuis 1860, deux nouvelles lignes de chemins de fer ont été ajoutées à celle de Culoz à St-Michel qui existait déjà. Chambéry se trouve maintenant relié à Grenoble par le Grésivaudan et à Annecy par Rumilly; ces nouvelles voies ont porté à 166 les 118 kilomètres de chemins de fer anciennement construits sur le sol de la Savoie. Pour compléter notre réseau, deux nouvelles lignes sont à l'étude : l'une qui relierait Annecy à Albertville par Chamousset, l'autre qui conduirait de la première de ces villes à Genève.

On voit, par les données statistiques qui précèdent, que les deux Savoie se trouvent actuellement sillonnées par 4,824 kilomètres de routes, de chemins de fer et de rivières navigables, équivalant à 9 kil. par 1,000 habitants.

L'agriculture, qui a pris une large part à l'amélioration de nos voies de communications, a été la première à en profiter.

CHAPITRE II

**Aperçu statistique sur la population actuelle de la
Savoie, sur son instruction, sa moralité et ses
émigrations.**

Le premier recensement de la population de l'ancien
duché de Savoie remonte à 1724, elle était de 337,184
habitants; dès lors, sa progression a été croissante, sauf
pendant la période française de 1792 à 1815; elle est restée
à peu près stationnaire de 1848 à 1858, époque du dernier
recensement exécuté sous le régime sarde, elle s'élevait
alors à 543,328 individus : 272,426 pour le département
actuel de la Savoie et 260,732 pour celui de la Haute-
Savoie. En 1861, la population n'était plus que de 542,535
habitants, elle est remontée à 545,431 en 1866; sur ce
total, 480,413 sont voués aux travaux des champs. Le
département de la Savoie, séparé de celui de la Haute-
Savoie, a perdu, de 1861 à 1866, 3,376 habitants.

Depuis 1848, la population, surtout celle des campagnes, qui est la plus nombreuse et qui nous occupe spécialement, a élevé le niveau de son instruction, et déjà
dans la statistique de 1866, les deux Savoie se trouvent
classées dans le premier tiers des départements de l'Empire
pour les conscrits lettrés et les conjoints sachant signer
leur acte de mariage.

L'instruction primaire a pris, depuis l'annexion, un
caractère de stabilité qu'elle n'avait pas auparavant, par
la construction et la bonne installation des maisons d'école
pour loger les maîtres et les élèves.

Sur une population de 545,431 habitants, les deux Savoie ont 1,582 écoles fréquentées par 86,249 élèves des deux sexes; en y ajoutant les adultes qui se rendent aux écoles du soir, les petits enfants des salles d'asile, on arrive à plus de 100,000 élèves.

On voit, par ces chiffres, que le moment n'est pas éloigné où l'on ne rencontrera plus que de rares vieillards ne sachant ni lire ni écrire.

On fait de grands efforts en ce moment pour donner aux élèves de l'École normale d'Albertville et même aux instituteurs en place un degré d'instruction agricole suffisant pour qu'ils introduisent cet enseignement dans les écoles primaires qu'ils dirigent ou qu'ils sont appelés à diriger.

Nos populations sont, du reste, très bien préparées à recevoir cette instruction : doués d'un esprit d'observation tout spécial, nos cultivateurs suivent avec intérêt les expériences, les essais d'instruments que font les propriétaires dans leurs domaines; ils ne sont pas faciles à convaincre, parce que leur esprit pratique leur fait toujours voir le défaut avant l'avantage, mais ils ne refusent jamais de faire des essais, et c'est seulement en présence d'une culture réussie, d'un instrument fonctionnant bien, qu'ils consentent à abandonner leurs anciennes pratiques.

Dans les classes plus élevées de la société, l'instruction agricole tend à se généraliser, cela se conçoit quand on considère que chez nous tous ceux qui ne sont pas cultivateurs sont propriétaires.

En dehors de ce besoin de connaître les principes généraux de l'agriculture pour surveiller et améliorer ses domaines, le goût des études agricoles s'est développé de bonne heure en Savoie; l'annexion a trouvé le pays prêt à fournir des membres du jury des primes d'honneur et des concours régionaux ; la presse agricole a , comme nous l'avons dit , bon nombre de représentants, et peu de départements ont fourni plus d'élèves que nous aux écoles régionales d'agriculture.

Les habitants de nos campagnes ont plus qu'ailleurs conservé un attachement sincère à la religion de leurs pères ; ils sont à la hauteur de la réputation proverbiale d'honnêteté qu'on leur accorde ; avec l'instruction, ils perdent la méfiance, qui est un peu le fond de leur caractère et qui, du reste, est partout la compagne de l'ignorance. L'habitant de nos campagnes, qui est moral, bon père de famille, laborieux, n'est pas toujours sobre ; ce défaut disparaît à mesure que son aisance progresse, il ne va plus chercher au cabaret un plaisir qu'il se procure à chaque repas, qu'il partage avec ses enfants, ses serviteurs ; aussi est-on forcé de reconnaître que c'est la privation habituelle de vin qui engendre l'ivrognerie.

Nous avons constaté, en donnant l'état numérique de notre population, que le département de la Savoie avait perdu, de 1861 à 1866, 3,376 habitants ; il est temps d'en rechercher les causes.

Les habitants de nos campagnes, comme bien d'autres, ont suivi ce mouvement de progrès, ce besoin du bien-être matériel qui porte l'homme à se mieux nourrir, à s'habiller avec plus de soin et à se mieux loger ; pour obtenir ces résultats, il a dû élever le prix de son salaire ou demander à un travail plus assidu, plus judicieux, une rémunération suffisante pour satisfaire à ses nouveaux besoins.

Ces résultats, faciles à réaliser dans les pays où la main-d'œuvre est rare, où la terre est plus offerte que demandée, n'ont pu s'obtenir en Savoie, où la compacité des populations et l'extrême division du sol ne permettent ni d'étendre les cultures dont la location est trop élevée, ni d'augmenter le prix d'une main-d'œuvre peu demandée.

Ne pouvant satisfaire ni ses propres besoins, ni ceux de sa famille, le cultivateur se décide à rechercher dans l'émigration le bien-être qu'il n'obtient pas dans son village, de sorte qu'aujourd'hui, à l'émigration séculaire de nos montagnes, qui a conservé son caractère temporaire, est venue se joindre l'émigration en famille des plaines et, de plus, l'émigration à l'intérieur.

L'émigration hivernale a fourni un contingent assez uniforme, qu'on a beaucoup exagéré et qui se continue aujourd'hui; cette émigration est une conséquence des longs hivers de nos montagnes, on émigre pour utiliser son temps, pour économiser les provisions de la famille et assurer l'extension du bien-être de tous; cette émigration, quoi qu'en pensent les économistes, est un bien puisqu'elle enrichit ses auteurs et n'occasionne ni l'abandon de la terre, ni la dépopulation des campagnes.

L'émigration en famille a pris naissance depuis quelques années seulement, elle tend à se développer, elle s'alimente dans les communes situées dans l'arrondissement de Chambéry; les émigrants se dirigent généralement vers l'Amérique méridionale; ils partent rarement sans s'être assuré d'avance un travail rémunérateur, la chose est devenue facile aujourd'hui par le grand nombre de Savoisiens déjà établis dans les États de Buénos-Ayres.

La patrie n'a perdu aucun de ses droits sur ces enfants de nos montagnes : réunis en bourgades, ils ont voulu retrouver les communes qu'ils ont quittées, en leur donnant leurs noms; dans ces lointains pays, ils conservent leurs habitudes, leur langage, leur religion; leur unique pensée, en se livrant aux rudes travaux des champs, est d'amasser une petite fortune pour venir reprendre un terrain vendu sous clause de rachat, pour racheter la maison dont ils ont été dépossédés et devenir propriétaires fonciers.

Le retour de ces anciens déshérités de la fortune maintient la terre à un prix élevé dans les communes où les émigrations sont les plus nombreuses, parce qu'ils tiennent à acheter au lieu même d'où ils sont partis.

L'émigration à l'intérieur s'est augmentée depuis l'annexion de la Savoie à la France : les rapports suivis qui existent aujourd'hui avec les grandes villes de l'Empire ont déterminé le départ d'un grand nombre de jeunes gens, de filles de service ; ils quittent leur famille pour occuper les emplois variés que leur assurent leur intelligence, leur bonne conduite et leur amour du travail.

Les émigrants d'Amérique partent toujours avec l'espoir du retour, et cet amour de la patrie leur fait souvent abandonner de belles positions acquises à l'étranger, pour venir acheter un petit domaine, qui est la limite de leur ambition.

L'émigration à l'intérieur est celle qui fait le plus de vide dans nos campagnes, bien peu de ces jeunes gens, de ces jeunes filles, reviennent prendre place au foyer paternel où ils ne trouvent plus le confort auquel ils sont habitués.

CHAPITRE III

Situation actuelle de la propriété en Savoie ;
mode d'exploitation.

La propriété territoriale est très divisée en Savoie,
surtout dans les arrondissements de Bonneville, de
Moûtiers et de Saint-Jean de Maurienne. On considère
comme rentrant dans la grande propriété les domaines
de plus de 20 hectares, dans la moyenne ceux de plus de
10, dans la petite ceux de 1 à 9 hectares.

En recherchant la proportion relative de ces diverses
propriétés, on trouve que, sur 40,916 exploitations qui
existent dans le département de la Savoie, 32,598 sont de
moins de 5 hectares ; 5,473, de 5 à 10 ; 2,012, de 10 à 20 ;
567, de 20 à 30 ; 133, de 30 à 40 ; 133, au-dessus de
40 hectares.

Dans la Haute-Savoie, sur 33,156 exploitations, 20,801
sont de moins de 5 hectares ; 7,976, de 5 à 10 ; 2,677, de
10 à 20 ; 987, de 20 à 30 ; 382, de 30 à 40 ; 333, de plus
de 40 hectares.

La division et le morcellement de la terre se sont
beaucoup accrus depuis trente ans, ils tendent toujours à
s'augmenter. La cause première de cet état de choses
réside dans la compacité des populations, qui approche
aujourd'hui d'un habitant par hectare cultivé ; puis aussi,
et surtout, dans la fécondité des familles et leur amour
excessif du sol, qui les amène à diviser à l'infini les
héritages. La terre, il faut le reconnaître, a beaucoup
gagné en passant entre les mains d'un plus grand nombre

d'exploitants; rien ne rebute un propriétaire de quelques ares de terre; il les défonce, les épierre, les draine, les fume et les cultive avec le plus grand soin, il ne leur ménage ni son temps ni ses peines; aussi nulle part la culture intensive n'est plus développée qu'en Savoie, nulle part on n'obtient des récoltes aussi multipliées.

L'économiste désapprouve cette culture parcellaire, parce qu'il la considère comme improductive de richesse, et cependant la plupart de ces petits propriétaires sont dans l'aisance et le bien-être.

Avec ces conditions territoriales, la main-d'œuvre ne peut être ni rare, ni chère; les bras de ces nombreuses familles venant en aide à ceux qui en manquent.

En Savoie, surtout dans les pays de montagne, sur les plateaux et les vallées élevées, la majeure partie du sol appartient aux exploitants; le surplus, divisé en domaines d'une surface assez restreinte, est cultivé par des fermiers ou des métayers.

Aux environs des villes, dans les communes rurales très populeuses, les propriétaires tirent un très bon parti de leurs domaines en les louant par pièces détachées et même par fractions de pièce de quinze ares à un hectare; ces terres sont, le plus souvent, prises sans bail écrit, l'entrée et la sortie se règlent par les usages locaux.

Le prix de ces locations est plus élevé que celui des terres en corps de ferme; ordinairement, le propriétaire en fait gagner une partie, souvent même la totalité, en occupant son fermier à la journée ou à la tâche.

Ces petits exploitants trouvent ainsi le moyen d'avoir des terres sans bourse délier.

Les baux à ferme, consentis pour trois, six ou neuf ans, comportent presque toujours des redevances en nature et la moitié du vin, lorsque les champs sont plantés de vignes ou de treilles.

Le métayage, appliqué surtout à la moyenne et à la petite propriété, consiste dans le partage équitable de tous les produits et de toutes les charges de l'exploitation; cependant le métayer est seul chargé de l'entretien des instruments agricoles, qui sont ordinairement sa propriété.

Chaque domaine est pourvu d'un cheptel en nature ou en argent, il n'est même pas rare, dans les métairies, que tous les animaux, toutes les semences et les instruments soient fournis par le bailleur.

Le fermier paye le 5 p. 0/0 des avances qui lui sont faites; le métayer paye le même intérêt de la moitié du cheptel à sa charge.

Du reste, les rapports sont excellents entre le propriétaire et l'exploitant; aussi le métayage, qui est considéré comme une dure nécessité, est-il plus en usage en Savoie qu'ailleurs.

Chacun de ces petits domaines de 5, 10 ou 15 hectares est pourvu d'une maison d'habitation avec jardin réservé, le propriétaire s'y rend journellement, sa famille y habite une partie de l'année; son métayer est son plus près voisin, il lui rend journellement des services, il s'intéresse à ses travaux, il voit avec lui ce qu'il y aurait à faire pour améliorer telle ou telle pièce, ils s'entendent pour exécuter certaines réparations trop onéreuses pour un seul.

Il résulte de ces rapports habituels un accord basé sur l'intérêt réciproque qui profite toujours au domaine et qui établit des relations agréables entre des hommes de positions souvent si différentes.

Le métayage n'est possible que dans ces conditions ; son plus grand avantage est de mettre sous la direction d'un homme intelligent une famille de cultivateurs, à laquelle il manque les ressources nécessaires pour prendre un fermage.

Le sol de la Savoie est généralement pourvu de l'élément calcaire, la silice et l'argile s'y allient dans des proportions convenables, aussi se prête-t-il à toutes espèces de cultures ; si l'on ajoute à cette première considération la compacité des populations, leur aisance relative, on comprendra que le prix de la terre est toujours assez élevé.

Le revenu du sol, qu'on évalue du 2 1/2 au 3 1/2 p. 0/0 de la valeur vénale du fond, est représenté par une location qui varie entre 60 et 150 fr. l'hectare ; ce qui prouve que ce prix est bien en rapport avec la productivité de la terre, c'est que par le métayage on obtient souvent un revenu plus élevé.

Le Savoisien, nous l'avons dit, est très attaché au sol ; dans les familles aisées, les domaines passent en entier entre les mains des enfants ; il n'en est pas de même dans les campagnes, où la modicité des héritages, le nombre des copartageants, amènent presque toujours la division, souvent même le morcellement des pièces de terre.

Pendant la période qui s'est écoulée depuis 1830, le prix de la terre a subi bien des fluctuations. Ainsi, de 1833 à 1846, les immeubles ont été très demandés et se vendaient à d'avantageuses conditions ; on a moins recherché dès lors la grande et la moyenne propriété ; mais les petits domaines, les parcelles, trouvent de nombreux acquéreurs dans nos campagnes, où l'aisance s'est sensiblement accrue.

La plupart des fermiers et surtout des métayers qui

exploitent les petits domaines de la Savoie ont peu ou pas d'avances ; généralement les propriétaires aisés les leur fournissent, moyennant un intérêt du 5 p. 0/0 si c'est pour un terme prolongé, sans intérêt si c'est pour peu de temps. Il n'en est pas de même pour les exploitants de la grande propriété et pour ceux qui ont des domaines éloignés de la résidence du maître ; ceux-là, et ils sont nombreux, sont à la merci d'entremetteurs ruineux qui leur prêtent l'argent dont ils ont besoin à des conditions très onéreuses.

Il fut un temps où les agriculteurs trouvaient un secours puissant dans les prêts effectués par la Banque de Savoie et surtout par les caisses d'épargne ; cette ressource leur manque aujourd'hui, et rien n'a remplacé pour eux ces utiles institutions de crédit.

La terre, il faut le reconnaître, perd journellement en faveur ; car, malgré les garanties qu'elle présente, les exigences des prêteurs sont toujours plus difficiles à satisfaire ; anciennement on prêtait les 2/3 de la valeur d'un fond ; aujourd'hui on est plus exigeant, on ne confie plus au sol que la moitié, souvent même le tiers du prix qu'il représente.

La main-d'œuvre, moins abondante aujourd'hui dans nos communes qu'elle ne l'était autrefois, est encore suffisa.te ; son prix primitif de 1 fr. 25 à 1 fr. 75 c., sans nourriture, qui s'est maintenu dans bien des localités, s'est élevé d'un tiers ailleurs, surtout dans un rayon rapproché des grands centres de population.

Le salaire des domestiques des villes et des campagnes s'est accru dans de plus fortes proportions, presque partout il s'est doublé ; il varie aujourd'hui entre 150 et 300 francs pour les hommes, 100 à 200 francs pour les femmes.

On doit attribuer cette élévation excessive du salaire des domestiques aux émigrations des jeunes gens et des jeunes filles dans les grandes villes qui nous environnent.

La Savoie a suivi avec intérêt les progrès réalisés en agriculture, cependant elle n'a pu tous les appliquer à sa culture parcellaire et pentueuse. L'usage de la faux, celui des machines à battre, sont très répandus ; la plupart des autres instruments économiques sont moins connus, parce qu'ils sont sans application possible chez nous.

Les drainages en empierrement sont pratiqués depuis des siècles dans nos vallons, où ils sont une nécessité de la culture ; il est rare en effet qu'au bas des coteaux les couches argileuses du sous-sol ne versent pas une certaine quantité d'eau qu'il faut conduire plus loin pour rendre les labours possibles ; les drainages partiels sont donc en usage partout ; ceux qui sont régulièrement exécutés au moyen de drains ont pris moins d'extension parce qu'ils sont coûteux et demandent l'avance d'un capital , tandis que les autres n'exigent qu'un surcroît de travail pour creuser les fosses et amener des pierres qui souvent gênent ailleurs la culture.

Les domaines de la Savoie, bien que de peu d'étendue, sont cultivés par des familles nombreuses. Ce personnel, qui semble exagéré, est nécessaire pour exécuter une foule de travaux qui ne peuvent se faire avec l'aide des animaux ; ainsi, dans les vignes et même dans les champs, on remonte souvent la terre à dos d'homme au sommet du guéret ; les cultures sarclées sont aussi très étendues, et tous les binages, les buttages, même les plantations, s'exécutent à la main ; il en est de même des travaux de culture et d'entretien des vignes et des treillages.

Les animaux de travail, le matériel agricole, sont aussi

plus nombreux en Savoie qu'ailleurs, par suite des difficultés qu'on rencontre pour transporter les récoltes et les engrais sur des pentes rapides, en empruntant des chemins ruraux mal entretenus.

Chaque exploitation a une étable bien garnie, l'engrais animal étant le seul employé pour entretenir la fécondité du sol.

Les conditions exceptionnelles dans laquelle se meut l'agriculture de la Savoie semblerait exiger plus qu'ailleurs des conventions écrites; il n'en est rien cependant et beaucoup de métayers et même de fermiers entrent en exploitation et restent de père en fils sur un même domaine sans baux écrits.

S'il ne résulte aucun inconvénient de cet état de choses, c'est que tout est prévu par l'usage : la succession des récoltes, la part réservée au trèfle, l'époque de l'entrée et de la sortie de ferme, les services que doivent se rendre les entrants et les sortants, l'affouage, etc. On ne fait, pour ainsi dire, un bail que pour fixer la durée des engagements des parties, la force, la nature du cheptel, le prix du fermage en nature et en argent.

L'entrée en exploitation a lieu, en Savoie, à deux époques différentes, du 25 mars au 1er avril et au 24 juin.

Les propriétaires soucieux de leurs intérêts tendent à généraliser l'entrée en ferme au 24 juin pour la remise des animaux de travail et de rente. A cette date, le fermier entrant reçoit les bestiaux, il prend possession des prairies artificielles, il récolte les prairies naturelles, il peut semer de suite des fourrages annuels, ou du sarrazin sur le chaume de seigle, car c'est là seulement qu'il a droit d'en semer; enfin il occupe tous les champs à mesure que le sortant en fait la récolte.

Cette entrée au 24 juin a d'immenses avantages que nous croyons devoir signaler.

Le propriétaire n'a aucun embarras ; le fermier sortant lui rend le cheptel, qu'il remet lui-même au nouveau ; il n'a point de reconnaissance à faire des quantités de paille, fourrage, blé en terre, fumier en tas, puisque l'un doit tout prendre, l'autre tout abandonner ; enfin, le fermier sortant, toujours indisposé contre son successeur, ne peut gaspiller les fourrages et les litières, comme cela a lieu lorsque la prise de possession est fixée au 25 mars.

CHAPITRE IV

Matériel agricole de la Savoie.

En parcourant les différents arrondissements de la
Savoie, les hommes qui s'appuient sur la théorie pour
apprécier la pratique sont frappés du peu de progrès
réalisés dans notre outillage agricole.

Ce reproche est fondé pour les instruments de labour,
surtout pour la charrue; il l'est moins pour le chariot, le
rouleau et la herse; quant aux instruments de main-
d'œuvre, il est peu de pays où ils soient plus perfectionnés
que chez nous, par la raison qu'il en est peu où l'on en
fasse autant usage.

La charrue actuelle de la Savoie. — Les charrues,
dans la généralité de nos exploitations, ont eu pour type
primitif l'araire romain, conservé, avec de légers changements, dans l'arrondissement de Moûtiers.

Les modifications qu'on y a apportées consistent dans
l'adoption de l'avant-train, dans la mobilité donnée aux
deux oreilles en bois primitivement fixes, enfin dans la
transformation des versoirs de bois en versoirs en fer,
en leur donnant un contour plus convenable.

La charrue de la Savoie agit en coin, un soc allongé
ouvre le sol, un coutre vertical l'aide dans ce travail; les
oreilles fixes ou mobiles, placées à la naissance du soc,
repoussent la terre à droite et à gauche; la perche qui sert
d'attache à ces différentes parties, porte sur un avant-train
à deux roues, servant simultanément de point d'attache
aux animaux et de régulateur; l'une des deux roues suit

le sillon ouvert, la seconde est sur le guéret, et comme ces roues sont d'égales hauteurs, l'avant-train marche toujours incliné.

Ces charrues vont et reviennent dans la même raie. Quand l'oreille est mobile, avant de reprendre son travail au bout du champ, le laboureur repousse l'une des oreilles du côté du labour ; la seconde vient se coller au bâtis de la charrue, où elle est fixée par une cheville ; la charrue marche ainsi plus régulièrement. Quand, au contraire, les deux oreilles sont fixes, celle qui s'appuie contre le guéret est toujours repoussée et la marche de la charrue est oblique.

Cette construction vicieuse rend le tirage considérable, la profondeur de la jauge, insuffisante.

De tout temps on a reconnu l'imperfection de cet instrument ; déjà, en 1774, M. le marquis Alexis Costa, dans son remarquable travail sur l'agriculture de la Savoie, conseillait des modifications à notre charrue ; pour en hâter la transformation, il faisait venir des araires suisses et piémontais, qu'il mettait entre les mains de ses métayers.

Que d'efforts n'a-t-on pas faits dès lors ! Toutes les sociétés agricoles qui se sont succédé depuis cette époque reculée ont travaillé au même but. M. le comte Pillet-Will a voulu, à son tour, contribuer à améliorer les instruments de culture de la Savoie, en mettant à la disposition de l'Académie impériale de Chambéry une rente annuelle de 300 francs, spécialement destinée à perfectionner notre outillage agricole.

D'où vient qu'au milieu de tant d'efforts réunis nos cultivateurs restent attachés à leur charrue si imparfaite ?

D'où vient que, tandis qu'ils se servent, qu'ils achètent

des machines à battre qui sont des instruments nouveaux, ils dédaignent de prendre, d'acquérir à moitié prix les charrues qu'on leur offre dans tous les concours ?

D'où vient que, tandis que les propriétaires agriculteurs qui marchent dans la voie du progrès font fonctionner journellement sous leurs yeux des instruments perfectionnés, ils ne changent rien à leurs pratiques ?

Les raisons qu'ils invoquent sont nombreuses; quand on les leur demande, ils sont habiles à les énumérer.

S'ils repoussent obstinément l'araire à oreille unique avec ou sans avant-train, c'est que pour eux cet instrument n'est pas d'un usage constant, leur terrain est rarement en plaine, il est souvent incliné, quelquefois pentueux; dans ces deux dernières circonstances qui se produisent journellement, les terres ne pouvant être remontées à cause de leur trop grande pente, il faut, pour se servir de l'araire, aller en labourant et revenir à vide; il en résulte une perte de temps considérable.

Dans la plaine même, s'il y a des treillages, les dérayures de l'*araire* à oreille unique gênent leurs cultures ou découvrent le pied des ceps; ils trouvent ces raies ouvertes gênantes pour le semis, pour le hersage, le roulage, les cultures d'entretien, pour la fauchaison des céréales et leur transport.

Les charrues tourne-oreilles, préconisées jusqu'à ce jour, valent sans doute beaucoup mieux que les leurs ; si on leur conseille de s'en servir, ils objectent que le jour où le soc sera dérangé, l'oreille usée, ils ne pourront plus la faire marcher, n'ayant à leur disposition ni un forgeron habile, ni assez d'argent pour payer dix ou douze francs une pièce de rechange.

Enfin ils observent qu'après avoir acheté un araire à

oreille unique, une tourne-oreille qu'ils ne sauraient où loger, il leur faudra une charrue à déchaumer, tandis que leur ancien instrument, tout imparfait qu'il est, va partout, se répare facilement, presque sans frais, et remplit toutes les fonctions qu'on recherche dans les trois charrues dont nous venons de parler.

Ces objections sont sérieuses; elles sont, pour la plupart, fondées.

Ainsi, il est reconnu que la fabrication ou simplement la réparation d'un soc d'araire ou de tourne-oreille demande un ouvrier habile, habitué à ce genre de travail; il est encore incontestable que jusqu'à ce jour nous n'avons pas eu un seul forgeron sorti d'une bonne fabrique, et qu'habituellement une usure occasionne la mise à la retraite d'une charrue qu'on n'a pas su réparer; elle aurait continué à marcher sans cette condition exceptionnelle; il en est de même de tous les instruments nouveaux.

La herse employée en Savoie. — Les herses de la Savoie sont uniformément triangulaires; la largeur de la base varie entre 1ᵐ, 25 à 1ᵐ, 50; le bâtis est en bois; les dents, en fer aciéreux, sont plus ou moins longues, selon la force des terrains dans lesquels on veut les faire manœuvrer; les dents sont carrées, aiguisées en pointe; on les fixe en plaçant un angle aigu en avant; chaque dent trace une raie.

Le crochet de traction se trouve à la pointe de l'angle aigu; quand on veut rendre l'action de la herse plus énergique, on allonge la chaîne, ou on charge l'instrument.

Cette herse opère assez régulièrement dans les terrains légers; il n'en est pas de même dans les sols argileux; par sa forme, elle est disposée à repousser les grosses mottes qui s'opposent à sa marche, au lieu de les briser; en s'obliquant, elle fait suivre la même raie à plusieurs dents ; son oscillation étant presque insensible, elle passe sur les obstacles sans les vaincre ; si elle ramasse les mauvaises herbes, elle ne s'en débarrasse pas, et à chaque instant le conducteur doit abandonner son attelage pour dégarnir l'instrument qui ne fonctionne plus régulièrement.

LE ROULEAU. — La charrue, la herse et le rouleau sont, avec le déchaumoir ou *lipoir*, les seuls instruments de culture que l'on rencontre dans la plupart de nos fermes.

Le rouleau est uniformément construit en bois dur, chêne ou châtaignier ; le bâtis en est très simple ; cet instrument, dont on reconnaît cependant toute l'utilité, n'est pas assez répandu dans nos exploitations, où il devrait fonctionner souvent, surtout au printemps, pour tasser les céréales soulevées par les gelées.

Sa construction serait irréprochable si on lui donnait moins de longueur, ou mieux si on le divisait.

LE CHARIOT, LE TOMBEREAU. — Quand on étudie la forme de nos chariots, de nos tombereaux dans les villes ou dans les plaines, on est disposé à leur adresser bien des reproches ; on les trouve trop bas, trop courts, trop légers, etc., etc. ; mais qu'on accompagne le conducteur dans sa ferme, on changera bien vite de manière de voir ; si on considère surtout que, dans d'aussi petites exploitations, on doit avoir un outillage qui multiplie ses services.

Un char de campagne sert, en effet, dans nos métairies, au transport des céréales en gerbes et en sacs, à celui des engrais, des racines, du vin ; il doit fonctionner dans des chemins pentueux, dans des champs garnis de treillages, où à chaque instant il faut soutenir la charge pour l'empê-cher de céder à la pente ; les hommes, les femmes, les enfants, chargent et déchargent les objets transportés ;

comment opérer avec ces agents? comment monter ou descendre ces côtes si les chars étaient longs et hauts? comment couper les pentes et rétablir l'équilibre compromis par une inclinaison trop forte?

Lorsque nos chariots seront tous pourvus d'essieux en fer, lorsqu'on aura un peu allégé l'avant et l'arrière-train, nous aurons un modèle approprié à nos petits domaines, de difficile accès.

LES INSTRUMENTS DE MAIN-D'ŒUVRE. — Les instruments de main-d'œuvre employés dans nos cultures ne sont ni très nombreux ni très variés; mais leur fabrication, qui s'opère dans le pays, laisse peu à désirer.

La bêche ou *pelle carrée,* la pelle à puiser ou *pelle creuse,* la pioche, le bident ou *bigard,* les houes larges et étroites, les sarcloirs, les faux, ont été construits de la manière la plus convenable pour s'en servir avec le moins d'effort, le moins de fatigue possible.

Généralement nos ouvriers travaillent ayant le corps droit ou légèrement incliné vers le sol ; dans ces conditions, ils opèrent bien et vite, parce que cette position n'a rien de fatigant, rien d'exagéré.

Il n'en est pas de même partout ; le plus souvent l'ouvrier travaille avec des pioches, des bidents ou des houes à manches courts, peu ouverts, qui les obligent à se rapprocher beaucoup plus du sol.

Tels sont les principaux instruments de culture employés dans nos exploitations; ils ne sont pas nombreux, mais on sait les appliquer à tous les travaux.

HARNACHEMENT DES ANIMAUX. — Les chevaux n'ont pas en Savoie un harnachement particulier.

Les bœufs sont attelés au joug double.

Ces deux jougs, qui se placent simultanément sur la

tête et sur le cou, servent à diviser entre ces deux parties les efforts qui partout ailleurs s'exercent sur la tête seule.

Ce second joug de cou, spécial à la Savoie, donne à l'animal plus d'aisance ; au lieu de porter la tête haute, il l'abaisse et suit l'horizontalité du corps ; dans cette position, la ligne de traction passant par le milieu du corps du bœuf, et non au-dessus, l'effort développé s'augmente de tout son poids, tandis que dans le premier cas une partie de ce poids reste sans effet utile.

INSTRUMENTS DE GRANGE ET DE GRENIER

Machines à battre, tarare, crible. — Depuis quelques années, toutes les exploitations des plaines et des demi-coteaux, qui récoltent 100 à 300 grosses gerbes de froment, se servent de la machine à battre.

Les batteuses qu'on emploie sont locomobiles ; le plus grand nombre sort des ateliers de M. Pinet ; on leur donne la préférence sur les autres, surtout à cause de la forme du manége qui, communiquant le mouvement au batteur par une courroie passant au-dessus de la tête des bœufs ou des vaches, seuls moteurs employés pour les faire manœuvrer, ces animaux ne sont ni effrayés du bruit, ni gênés dans leurs allures.

Les modèles employés ne nettoient pas le grain ; on se sert, après le battage, d'un tarare Pinet ou de l'un de ceux fabriqués en Savoie ou que nous livrent à bas prix les départements de l'Isère et de l'Ain.

Le crible à grains a été connu de tout temps en Savoie ; il était primitivement formé d'un cadre en bois, garni, sur l'une de ses faces, de fils de fer plus ou moins rapprochés ; ce crible fait peu de travail ; il a pour spécialité de débarrasser les semences des vesces ou *pesettes* qui envahissent nos céréales ; c'est pour cela qu'on l'appelle crible *pesattier*.

Plus tard, on a fabriqué des cribles cylindriques trieurs, qui opéraient assez bien.

Aujourd'hui les cribles Vachon et Pernollet se rencontrent dans toutes les exploitations importantes.

INSTRUMENTS DE LAITERIE

La baratte cylindrique à mouvement vertical s'emploie dans la plupart des petites métairies du département. Dans la moyenne culture, on se sert des barattes suisses ou des barattes-tonneaux à axes fixes ou mobiles.

Les vases à lait sont en terre émaillée à large ouverture, ou en bois, système suisse.

Les formes pour la fabrication des fromages de fantaisie à pâte dure ou à pâte molle sont en fer battu ou en terre cuite, rarement en bois.

INSTRUMENTS DE PRESSOIRS ET DE CUVES

Cuves, pressoirs, fouloir à raisin. — Les cuves à vin sont uniformément en bois dur ; leur contenance varie entre 15 et 50 hectolitres de liquide pressé.

On trouve encore quelques pressoirs à leviers ; ceux à deux vis en bois ou *petroniers* leur ont succédé ; les pressoirs construits aujourd'hui se font à deux vis en fer ; c'est par la descente progressive de la traverse fixée aux écrous que s'opère le pressurage.

Le fouloir à vendange est employé dans quelques exploitations viticoles du département.

Les vases vinaires avaient anciennement des contenances

fixes de 50, 100 ou 200 pots de Montmélian, correspondant à 112, 225 ou 450 litres; ces tonneaux, qui servaient simultanément au décuvage et au transport des vins chez les consommateurs, étaient construits en bois dur cerclés en fer.

L'état des chemins légitimait alors la solidité de ces fûts.

Depuis que les voies de communication se sont améliorées, on utilise, pour le décuvage, des pièces de toutes provenances, de toutes grandeurs; les transports se font ensuite avec des vases plus légers.

CHAPITRE V

Labours, défoncements, matières fertilisantes.

Nous avons indiqué, en parlant des instruments de la Savoie, les défectuosités et les inconvénients qui résultent de l'emploi de la charrue dite *du pays,* dont on fait le plus souvent usage.

Cet instrument de labour n'est cependant pas le seul dont se servent nos cultivateurs. Dans les exploitations un peu importantes de la Haute-Savoie, surtout dans la zone qui avoisine Genève, dans les arrondissements de Thonon, Bonneville et Saint-Julien, on laboure et on défonce les terres avec des araires Belge et Dombasle qu'on fabrique dans la plupart des villes et chefs-lieux de canton.

Dans l'arrondissement d'Annecy, du côté de Rumilly, Albens, Faverges, en se rapprochant du département de la Savoie, on se sert, de préférence, d'une charrue tourne-oreille avec ou sans avant-train, qui marche beaucoup mieux que celle dite *du pays.*

Ces instruments perfectionnés se rencontrent plus rarement dans les fermes de l'arrondissement de Chambéry et d'Albertville ; enfin, ils sont à peu près inconnus dans la Maurienne et la Tarentaise, où la division et le morcellement de la terre sont arrivés à leurs extrêmes limites.

Nos cultivateurs suppléent à l'imperfection de leur charrue, à l'insuffisance des défoncements qu'on opère avec elle, par des labours à la bêche ou *pelle carrée,* par des défoncements à la main et des épierrements, qu'ils pratiquent avec beaucoup de soin.

C'est de novembre à mars, lorsque l'hiver n'est pas trop rigoureux, que se font ces travaux ; pour les défoncements ou minages qui ont de 40 à 60 centimètres de profondeur, il est rare que le propriétaire ne contribue pas à une partie de la dépense.

On mine à fossé renversé, les pierres jetées sur le sol sont enlevées et servent à remplir des fossés de drainage ou à niveler des bas-fonds. Les cultures sarclées, la pomme de terre, la betterave, se placent sur ces minages, auxquels on consacre le plus d'engrais possible. On mine toujours pour planter la vigne.

Les labours à la bêche ou pelle carrée se pratiquent de préférence sur les terrains frais, situés dans les plaines, sur ceux destinés au chanvre, au maïs et autres plantes sarclées ; plus la terre est divisée, plus les surfaces ainsi retournées sont considérables ; quand on exécute ce travail en hiver, on ne brise pas la motte afin que les agents atmosphériques aient plus d'action sur elle pour la désagréger.

Au printemps, on donne un second labour à la charrue, pour émietter la terre et enfouir le fumier.

MATIÈRES FERTILISANTES EMPLOYÉES DANS LES CULTURES DE LA SAVOIE

Pendant longtemps, les fumiers n'ont pas reçu dans nos exploitations les soins nécessaires pour maintenir et accroître leurs propriétés fertilisantes ; entassés au milieu des cours de ferme, ils se desséchaient au soleil l'été, tandis qu'ils étaient délavés dans la saison des pluies.

Un bas-fond, un trou creusé dans le sol recevait le fumier au sortir de l'étable ; rarement on prenait la peine de l'arroser avec le liquide qui baignait une partie du tas.

Alors, comme on le pratique encore maintenant, les écuries étaient nettoyées tous les quinze jours pendant la belle saison, tous les mois ou tous les deux mois pendant l'hiver.

Les urines, absorbées par la litière, allaient se verser dans le creux à fumier, lorsqu'elle en était saturée.

Aujourd'hui, les cultivateurs soigneux s'étudient à former des tas réguliers sur un fond imperméable ; une fosse, faite avec plus ou moins de perfection, reçoit le purin ; on s'en sert pour arroser le fumier ; l'excédant est conduit sur les prairies artificielles ou se verse dans les réservoirs d'eau destinée à l'irrigation des prairies naturelles.

En Savoie, on préfère les fumiers qui ont fermenté en tas à ceux transportés directement sur le champ.

A l'exception de la période hivernale de novembre à mars, le fumier reste rarement entassé plus de trois à quatre semaines.

En mars, avril et mai, tout l'engrais disponible est enfoui pour les plantes sarclées, pour la vigne, le chanvre et le jardin ; en juin et juillet, on l'utilise pour les fourrages verts ou le sarrazin, semé en récolte dérobée après le seigle ; en août, septembre et octobre, on l'enterre pour le seigle et le froment.

La paille de blé, étant en grande partie consommée en hiver par les bêtes à corne, on se sert pour litière de la paille de seigle, des feuilles de nos arbres de garniture, de celles du noyer, du châtaignier, des herbes sèches, ramassées dans les bois, enfin de plantes marécageuses, connues sous le nom de *blaches*. Ces litières de bonne qualité, fournies sans parcimonie, donnent une quantité d'engrais qu'on peut évaluer, en moyenne, à 12,000 kilog. par an pour les bêtes à corne de taille moyenne, maintenues en stabulation permanente, à 9,000 kilog. pour les mulets et les chevaux, à 600 kilogr. pour les moutons et à 1,000 kilog. pour les porcs.

Le fumier est conduit sur le champ au moment de l'enfouissement ; s'il doit y rester quelque temps, on le reforme en tas de 3 à 4 mètres cubes.

L'épeudage se fait au moment du labour, nos cultivateurs attachent une certaine importance à ce que le fumier se dessèche le moins possible avant d'être enfoui.

Il est assez difficile d'apprécier d'une manière exacte la quantité moyenne de fumier donnée à la terre pendant la durée d'une rotation de quatre à cinq ans, cependant nous croyons être dans le vrai en la portant à 35,000 kilog. par hectare.

NATURE DES ENGRAIS EMPLOYÉS EN SAVOIE

Fumier de cheval. — Le fumier de cheval ne s'emploie seul qu'aux environs de Chambéry, d'Annecy et de quelques autres villes de moins d'importance, où se trouvent de la cavalerie, de l'artillerie ou des écuries d'hôtels.

Le fumier de cheval est surtout acheté par les propriétaires de vignobles, son prix s'est considérablement augmenté depuis qu'on s'occupe d'une manière spéciale de la culture de la vigne, il se vend de 0,30 à 0,40 c. le pied cube, soit 8 à 11 fr. le mètre cube, du poids de 500 à 700 kilog.

Fumier de l'espèce bovine. — Le fumier des bêtes à corne est seul d'un usage général en Savoie, il forme le fond principal de nos engrais ; s'il existe des chevaux, des moutons, des porcs, dans une exploitation, ils ne sont jamais en assez grand nombre pour qu'on ait avantage à séparer leurs litières.

Engrais verts. — Jusqu'à présent on a rarement eu recours aux enfouissements végétaux pour suppléer au manque de fumier ; cependant il est d'usage d'enfouir la dernière coupe des prairies artificielles et surtout du trèfle lorsqu'on le retourne.

Boues de rues et de routes, matières fécales. — Dans les chefs-lieux d'arrondissement de la Savoie, on recueille en tas et on met en vente les fumiers provenant du balayage des rues ; cet engrais, convenablement traité, se vend de 1 à 2 fr. le mètre cube.

Dans les campagnes, les cultivateurs augmentent leur provision d'engrais en jetant dans les chemins creux et boueux, autour des fontaines d'abreuvage, les substances qui ont besoin, pour devenir fertilisantes, d'être triturées et désagrégées par leur séjour prolongé dans l'eau ; telles que les tiges de colza, de maïs, les mauvaises herbes dont on veut détruire le germe, le lizeron, le chiendent, l'avoine à chapellet, etc. Ce n'est qu'après trois à quatre mois qu'on les recueille à l'état de terreau. On utilise cet engrais pour semer le maïs et amender les prés ; les effets en sont d'autant plus sensibles que ce compost est resté plus long-temps en tas.

Les matières fécales réunies dans les fosses des villes trouvent des acheteurs, mais leur prix n'est pas en rapport avec leur puissance fertilisante, à cause de la répugnance qu'inspire leur manipulation.

Engrais commerciaux. — Les seuls engrais commerciaux dont on fasse usage en Savoie sont la suie, la cendre lessivée, la poussière de corne, les chiffons de laine et les rognures de cuir ; la consommation qu'en font nos agriculteurs est, du reste, sans importance, puisqu'elle absorbe à peine les quantités disponibles sur place. Les tourteaux de noix et de colza sont utilisés pour la nourriture des animaux, on les emploie rarement comme engrais.

AMENDEMENTS

Le plâtre est un amendement stimulant, partout en usage en Savoie, pour surexciter la végétation des fourrages de la famille des légumineuses.

Les nombreux gisements de sulfate de chaux, qui se rencontrent sur divers points de notre territoire, permettent de l'obtenir à de bonnes conditions.

On répand le gypse à deux époques de l'année, en automne sur la première coupe de trèfle qui suit la récolte du froment ; au printemps, sur le trèfle, la luzerne et le sainfoin, aussitôt que les pousses atteignent 20 à 25 centimètres. La quantité employée varie de 150 à 300 kilogrammes par hectare.

Brulis, Ecobuage. — Le brulis et l'écobuage sont aussi des amendements stimulants.

Le brulis, qui consiste à réduire en cendre les pailles et les herbes amenées à la surface du sol par le déchaumage, se pratique régulièrement tous les cinq ans, dans les arrondissement de la Savoie où l'assolement coutumier est quinquennal ; on déchaume, après le froment qui suit le trèfle, la sole sur laquelle doit être semé le seigle.

C'est avec la charrue du pays, à laquelle on adapte un soc plat triangulaire appelé *lippe,* qu'on opère le déchaumage. L'herbe coupée entre deux terres est réunie, lorsqu'elle est sèche, en petits tas, auxquels on met le feu ; avant le labour, on étend uniformément le brulis sur le sol.

12

L'écobuage se pratique surtout sur les prairies humides qu'on veut rendre à la culture, sur les prés secs qu'on veut renouveller. C'est au moyen d'une houe à main qu'on détache une couche de gazon de trois à quatre centimètres d'épaisseur ; on brule ces gazons lorsqu'ils ont atteint un degré suffisant de dessication.

Le mérite de l'opérateur consiste à obtenir de cette combustion une cendre terreuse noirâtre et non une terre à brique rougeâtre.

Amendements calcaires. — La plus grande partie des montagnes qui dominent la zone culturale de la Savoie étant calcaire, les amendements par la chaux et la marne se sont peu répandus.

On a fait exceptionnellement usage de la chaux dans les terrains marécageux et tourbeux, qu'on a essayé, sans trop de succès, de mettre en culture.

On utilise, pour faire ces chaulages, la poussière de chaux, qui coûte 4 fr. le mètre cube, tandis que la chaux en pierre se vend de 15 à 17 fr.

CHAPITRE VI

Assolements et cultures de la Savoie.

L'assolement coutumier de la Savoie témoigne des progrès de son agriculture ; nous avons dit qu'il est de quatre à cinq ans dans les plaines et les demi-coteaux, triennal et même biennal dans les montagnes.

Les fortes fumures se placent sur les plantes sarclées, pommes de terre, maïs, colza, tabac, betteraves, haricots, pois et fèves ; le froment leur succède, puis vient le trèfle, sur lequel on sème un second blé ; selon la nature du sol et son aptitude à produire du seigle et du sarrazin, la cinquième année leur est consacrée. Le maïs-fourrage tend à remplacer le sarrazin, on le sème aussi après le colza.

Les prairies artificielles réussissent dans nos sols calcaires convenablement égouttés ; on sème le sainfoin dans les terrains de médiocre qualité, sur les versants inférieurs des montagnes, sur les coteaux trop en pente pour y maintenir les cultures ; on préfère dans la plaine et généralement dans tous les sols profonds la luzerne, qui y donne d'abondantes récoltes.

Ces deux légumineuses se placent hors assolement.

Les plantes sarclées s'entretiennent et se récoltent toujours à la main, le froment se coupe à la faux, le seigle à la faucille.

A l'exception du tabac, qui occupe à peine 200 hectares sur certains points déterminés des deux Savoie, les plantes industrielles tels que le colza, le chanvre, le lin, la betterave, ne se cultivent que pour les besoins du ménage et des étables.

Les céréales ont une place assez importante dans nos assolements; on les voit figurer régulièrement après les plantes sarclées, après le trèfle, puis à la cinquième année partout où il est possible de cultiver le seigle.

Le trèfle et le froment ne dépassent pas impunément l'altitude des contreforts des Alpes; pour ces plantes, l'hiver commence trop tôt, le printemps arrive trop tard, leur réussite est une exception.

Dans ces régions, l'orge et l'avoine ou le mélange de ces deux céréales prennent la place du blé; on les cultive d'une manière assez irrégulière sur pommes de terre ou sur jachère.

Le seigle succède au froment et le remplace quelquefois dans les sols siliceux de nos plaines et de nos coteaux.

Le rendement moyen du blé dans les deux départements de la Savoie n'est pas élevé; on ne peut le porter au-dessus de 16 hectolitres par hectare; le seigle donnerait un peu plus, 17 hectolitres; l'avoine, 20; l'orge, 18; le maïs, 20;

Une partie des céréales communes sert à l'entretien du bétail, le surplus excède rarement les besoins de la consommation locale; dans les années d'abondance, nous exportons une quantité assez restreinte de froment, qui représente en grain les farines que nous recevons de la Bourgogne, du Rhône et de l'Ain.

Le peu d'élévation du rendement moyen du froment, dans un pays où la culture intensive domine, doit être attribué d'abord à la nature silico-calcaire d'une partie de nos terres; ensuite à notre système de culture, qui multiplie les binages et les sarclages pour nettoyer et

aérer le sol ; puis encore, et surtout, à l'habitude où
l'on est de brûler une couche, assez légère il est vrai, de
mauvaises herbes et de terre après la récolte du froment
qui suit le trèfle et qui précède le seigle, et toutes les
fois que le sol est trop enherbé. La terre déjà légère se
trouve de plus en plus amincie par ce mélange de brûlis.

Un fait, journellement constaté par nos agriculteurs,
confirme ces observations : le froment rend davantage
après le trèfle qui augmente la ténacité de la terre, qu'après
les plantes sarclées qui la soulèvent et l'aèrent, bien que
le blé, dans ce dernier cas, succède à des plantes largement
fumées.

Les conditions de la production des céréales en Savoie
expliquent le peu d'influence qu'a exercée sur nos campagnes la crise de 1863, si vivement sentie sur d'autres
points de la France ; il en sera, du reste, à peu près toujours ainsi dans les pays comme le nôtre, où domine la
petite culture, où une population compacte produit surtout
pour consommer et qui livre simultanément au marché les
denrées si variées qu'une main-d'œuvre abondante sait
faire sortir du sol.

Nous allons indiquer sommairement la culture suivie
en Savoie pour les plantes qui entrent dans nos assolements.

CÉRÉALES

En général, nos cultivateurs trouvent que la place
réservée aux céréales dans notre système de culture est
trop restreinte. Aussi, lorsqu'un terrain léger se refuse
à porter du froment, on y met du méteil ou *morna ;*
si l'altitude ne permet pas des cultures automnales, on
sème du froment de printemps ou du seigle, de l'orge ou
de l'avoine, seuls ou mélangés.

Froment. — Anciennement on ne connaissait que deux variétés de blé, le rouge ordinaire ou *motin* et le barbu. Ce dernier, plus rustique que le premier, se plaçait de préférence le long des cours d'eau, dans les vallées marécageuses, qui ont simultanément à craindre les brouillards, les gelées précoces et tardives ; le *motin*, plus délicat, plus fin et plus productif, occupait les champs qui n'étaient pas soumis à ces influences. On cultivait encore de petits lots de froment *grossant*, variété de blé miracle ou géant, pour en transformer le grain en gruaux.

Ces espèces primitives, désignées sous le nom générique de blés du pays, ont à peu près disparu pour faire place à des froments de toute provenance ; les plus en faveur aujourd'hui sont le blanc ordinaire, le blanc barbu, l'odessa, le bleu ou de l'île de Noë et quelques autres que les changements répétés de semences, considérés par nos cultivateurs comme une nécessité, nous ont apportés.

On commence les semailles de froment en septembre, on les continue jusqu'en novembre ; les semis précoces sont plus assurés que les tardifs ; ils exigent aussi moins de semence. Le blé, avant d'être semé, est nettoyé ; puis, pour le débarrasser des germes de carie, on l'humecte avec une dissolution de sulfate de cuivre, ou on le passe à la chaux vive ; les mieux avisés font les deux opérations.

Le froment ainsi préparé est semé à la volée sur un seul labour et, autant que possible, le jour même du labour. Dans les terres légères, on fait suivre la herse du rouleau pour raffermir la terre.

Au printemps, on débarrasse le blé des mauvaises herbes précoces qui se sont développées ; si la verse est à craindre, on le fait pâturer par un troupeau de moutons, rarement on épampre.

Le froment se récolte en juin, juillet et même en août ; on se sert, pour la moisson, de faux et de faucilles ; la récolte est rentrée en grosses gerbes, à un ou deux liens, du poids de 40 à 50 kilogrammes ; dans quelques communes de la Maurienne et dans toutes les cultures éloignées des habitations, le blé, réuni en petites gerbes de 5 à 10 kilogrammes, est mis en meule sur le champ même où on l'a récolté.

Dans la plupart de nos exploitations, on conserve la paille de froment pour la faire consommer au bétail, seule ou mêlée à du menu foin.

Seigle. — Le seigle occupe une place assez importante dans les cultures de plusieurs de nos arrondissements. Dans l'assolement quinquennal qui domine dans le département de la Savoie, il occupe la cinquième sole ; dans les montagnes, aussitôt qu'on atteint une altitude de 6 à 700 mètres, il remplace le froment ; on le retrouve, comme culture maîtresse, dans les terrains ardoisiers de la Maurienne, dans les alluvions de l'Arc, de l'Isère et de l'Arve.

Dans la Haute-Savoie, sa culture a moins d'importance ; il ne figure pas dans l'assolement quatriennal qui y domine, mais on le retrouve partout dans les montagnes.

Le seigle ordinaire est le seul cultivé en grand ; le seigle de mars ou trémois est peu connu.

Les semailles du seigle sont souvent précédées du déchaumage et du brulis ; elles commencent de bonne heure, vers la fin d'août, et se continuent jusqu'à la fin de septembre.

On récolte le seigle à la faucille, du 15 juin à la fin d'août.

La paille de seigle, trop dure pour être consommée par les animaux, servait anciennement à construire et à entretenir les toits de chaume qui couvraient nos maisons d'exploitation ; aujourd'hui que ces toitures sont généralement abandonnées, on l'utilise pour faire des liens, pour attacher la vigne et comme litière. Depuis plus de dix ans, son prix moyen n'est pas descendu au-dessous de 4 fr. les cent kilogrammes [1].

Orge, avoine. — L'orge et l'avoine d'hiver n'ont pas de places déterminées dans nos assolements coutumiers, aussi en cultive-t-on fort peu ; celles de printemps forment, au contraire, la culture principale des pays de montagne.

On place l'orge et l'avoine après le froment ou le seigle et le plus souvent après une jachère d'été ; on les sème en mars et avril sur labour d'hiver, la précocité de la mise en terre en assure la réussite.

On cultive en Savoie l'avoine blanche et grise d'ancienne introduction, la noire de Hongrie et l'unilatérale blanche : ces deux dernières, plus productives que les autres, demandent un meilleur fond pour prospérer.

Dans quelques montagnes, on sème, sous le nom de *Cavalin,* un mélange d'orge à deux rangs et d'avoine blanche, qui servent à la nourriture des hommes et des bestiaux.

L'avoine et l'orge, moissonnées à la faucille ou à la faux,

---

[1] Dans un mémoire publié en 1844 dans les Annales de la Chambre royale d'agriculture et de commerce de Chambéry, M. Despine établit que sur les 629 communes du duché de Savoie, habitées par 509,995 individus . 353 communes, peuplées par 198.950 personnes, étaient abritées par des toits en chaume ; 120 communes et 115,480 personnes, par des toits en bois ; 135 communes et 101,714 habitants, par des toits en tuiles ; 155 communes et 103,851 habitants , par des toits en ardoises.

sont rentrées en gerbes à un seul lien, la paille est consommée par les animaux pendant la saison d'hiver.

Sarrazin. — Le sarrazin est cultivé en récolte dérobée
après le seigle, dans les terres les plus légères des arrondissements de Chambéry, d'Albertville et d'Annecy.

Le sarrazin se sème, avec ou sans fumier, sur un léger
labour, aussitôt que le seigle est récolté ; on fait suivre la
herse du rouleau pour en assurer la levée.

Le sarrazin est considéré comme une plante très épuisante, aussi les cultivateurs soucieux de leurs intérêts
abandonnent-ils cette récolte pour la remplacer par des
fourrages verts.

Maïs. — Le maïs partage avec les pommes de terre la
sole des plantes sarclées dans toutes les localités où il est
possible d'en récolter le grain ; malheureusement, plus de
la moitié de notre territoire ne se trouve pas dans ces
conditions.

C'est dans la vallée de l'Isère, aux environs d'Aix et de
Chambéry, dans les terrains qui longent le Rhône, que l'on
récolte le plus beau et le meilleur maïs.

Cette plante, qui a besoin, pour mûrir, d'une température moyenne assez élevée, se plaît surtout dans les
alluvions, dans les terrains frais et humeux.

Le maïs exige, pour se développer, moins d'engrais que
la pomme de terre ; on le plante un mois ou six semaines
après elle, du 15 avril au 15 mai, lorsque la crainte des
gelées tardives a complètement disparu.

On sème le maïs sur un labour profond donné à la
charrue ou à la bêche ; quelquefois on le répand à la volée ;
mais pour faciliter les cultures d'entretien, on préfère le
placer en ligne, en le plantant à la houe à main ou sur
sillon frais.

Lorsque le maïs a développé quatre à cinq feuilles, on l'éclaircit de manière à distancer les pieds de 40 à 50 centimètres les uns des autres, en même temps on donne un binage ; quinze à vingt jours après, on butte.

L'espace conservé entre chaque pied ne reste pas toujours vide ; on le garnit souvent d'haricots nains.

Placé dans de bonnes conditions, le maïs mûrit assez tôt en septembre pour qu'on puisse semer le froment, qui lui succède ; la récolte du maïs se pratique de différentes manières en Savoie : s'il a mûri d'une manière inégale, on fait d'abord la cueillette des épis mûrs ; puis, quelques jours après, on enlève les autres ; si la maturité est uniforme, on récolte tous les épis et on coupe les tiges, qu'on expose à l'action du soleil pour les dessécher ; si on est pressé par le temps, on coupe la tige par le pied et on forme, sur les bords du champ, des tas coniques qu'on lie par le haut pour que le vent ne les renverse pas ; plus tard, lorsque les semailles sont achevées, on transporte ces tiges à la ferme.

L'épi séparé de la tige doit être débarrassé le plus tôt possible des enveloppes qui y adhèrent ; c'est dans la soirée que se fait ce travail, avec l'aide des voisins.

On conserve à chaque épi deux ou trois feuilles, puis on les lie deux à deux ; on les accroche ensuite au plafond des cuisines et des granges, sous les avant-toits des maisons.

Les feuilles séparées de l'épi subissent un triage : les unes, les plus blanches, sont mises de côté pour la vente, les autres servent de litière.

On cultive en Savoie plusieurs variétés de maïs ; les plus répandues sont le jaune à gros grain, désigné sous le nom de maïs de Montmélian, le maïs à grain rouge, le maïs à grain blanc et le quarentin qui peut se semer jusqu'à la fin de juin et qui mûrit en deux mois.

Le maïs, à cause de la grosseur de son épi, est long à sécher ; on le bat ordinairement au fléau, en décembre ou janvier ; dans la petite culture, on se sert pour l'égrener d'une lame de bêche, fixée à un banc sur lequel l'ouvrier s'asseoit, pour racler les épis les uns après les autres.

Lorsque le grain est nettoyé, il est étendu en couches peu épaisses pour achever sa dessication.

Le maïs, partout où il mûrit, forme une partie de l'alimentation de nos cultivateurs ; réduit en semoule, on en fait des soupes et plusieurs préparations agréables ; sa farine faisant un pain sans consistance, on la mêle au seigle ou au froment pour lui en donner.

Le maïs a un autre usage, il est semé en récolte dérobée comme fourrage vert, à peu près partout en Savoie.

De juillet à novembre, les bêtes à corne maintenues en stabulation permanente se nourrissent presque exclusivement de ce fourrage qu'elles aiment beaucoup ; on a peine à se faire une idée de la quantité de maïs en grain employé à ces semis.

Les feuilles vertes ou sèches de la tige du maïs à grain, servent à l'entretien du bétail, la tige elle-même, coupée au hache-paille, peut être utilisée.

Les feuilles de l'épi, séchées et blanchies, sont l'objet d'un commerce important, elles se vendent de 15 à 25 fr. les cent kilogrammes, pour garnir des garde-paille.

Le rendement du maïs varie à l'infini, et tandis que dans les alluvions de l'Isère on obtient 30 et même 35 hectolitres à l'hectare, dans des conditions moins favorables on n'en récolte que 10 à 15.

PLANTES LÉGUMINEUSES A RÉCOLTE FARINEUSE.

Fèves. — La fève se cultive dans les terres fortes de la

Savoie où la pomme de terre réussit mal, où le maïs ne mûrit pas.

On préfère la fève d'hiver à celle de printemps, on la sème à la volée de bonne heure en automne sur un fort labour médiocrement fumé.

Au printemps, la fève reçoit un binage; quelquefois on l'écime pour en assurer la fructification.

La fève arrachée à la main est liée en poignées qu'on dresse les unes contre les autres pour les faire sécher; rentrées à la grange, on les bat au fléau.

La fève, mêlée au froment dans une faible proportion, donne de la fermeté au pain et en assure la conservation; on s'en sert aussi pour faire des purées.

Pois. — La culture des pois est limitée dans nos exploitations aux seuls besoins du ménage.

On sème les pois au printemps, à la volée, sur culture fumée; on les traite ensuite comme la fève.

Haricots. — Les diverses variétés de haricots nains et à rame ont leur place marquée dans nos exploitations à côté des pommes de terre et du maïs; dans la petite culture, on les sème en poquet dans l'espace resté vide entre les lignes de ces plantes; dans la grande culture, on les sème seuls, ils reçoivent les soins de fumure et d'entretien que nous avons indiqués pour la fève.

Vesces et jarosses. — La vesce et la jarosse sont rarement cultivées pour leurs grains, sauf pour faire de la semence; mélangées à de l'avoine d'hiver ou de printemps, on en obtient des fourrages verts précoces.

PLANTES CULTIVÉES POUR LEURS RACINES.

Pomme de terre. — La Savoie, de même que tous les pays de petite culture à population compacte, fait une grande consommation de pommes de terre ; on la trouve cultivée à toutes les altitudes, dans les plaines comme dans les jardins des chalets alpins.

Le terrain destiné à la pomme de terre est convenablement émiété et fortement fumé ; on plante ce tubercule sous raie, en laissant un ou deux traits de charrue entre chaque ligne, ou à la houe à main.

Plantée en mars et avril, on donne à la pomme de terre un hersage au moment de sa sortie de terre , puis un binage et un butage ; la récolte se fait à la main aussitôt que la tige est fanée.

Les variétés les plus répandues en Savoie sont la violette et la jaune précoce, la jaune d'été et la pomme de terre chardon ; cette dernière est sans contredit la plus productive , son rendement arrive souvent à 150 hectolitres par hectare, tandis que la moyenne des autres ne dépasse pas 100 hectolitres.

Rave. — La rave se place habituellement en récolte dérobée sur les cheneviers ; cependant on la sème quelquefois plus en grand pour la nourriture du bétail, après le seigle, à la place qu'occupe ordinairement le sarrazin ; on la rentre au moment où les fortes gelées commencent.

Betterave. — La betterave est partout cultivée en Savoie, mais on ne donne nulle part assez d'extension à sa culture ; semée plus en grand, elle fournirait une excellente nourriture à nos bestiaux pendant la saison d'hiver alors que la paille pure ou mêlée à un peu de foin, est leur unique nourriture.

PLANTES TEXTILES.

On cultive en Savoie le chanvre et un peu de lin.

Il est d'usage dans chacune de nos exploitations d'avoir, auprès des habitations, un terrain peu étendu auquel on donne le nom de *Chenevier*, où l'on sème annuellement du chanvre pour renouveler le linge de la famille.

C'est pour cette réserve, toujours labourée à la bêche, que l'on conserve le meilleur fumier.

En mai, le chanvre semé à la volée se recouvre au rateau; on brise avec le plus grand soin les mottes; puis, pour éloigner les volailles et les oiseaux, on place, au milieu de ce semis privilégié, un épouvantail qui reste souvent toute la saison en faction. On préfère le chanvre dit du Piémont qui atteint, dans quelques localités, un développement exceptionnel.

Il est rare que le chanvre qui lève dru et croît rapidement ait besoin de sarclage. Habituellement il n'exige aucun soin pendant sa végétation.

On récolte le chanvre pour sa filasse du 20 juin au 20 août; nos cultivateurs conservent tout autour du chenevier, pour faire leur semence, une bordure de chanvre femelle.

De suite après l'arrachage, le chanvre est transporté sur une prairie nouvellement coupée, on l'y étend en petite couche; c'est là qu'il sèche et se rouit. Dans les exploitations où l'on cultive le chanvre pour en faire une spéculation, on a des rouissoirs à demeure.

Le chanvre, teillé à la main pendant les soirées d'hiver, est filé au rouet par les ménagères. On sème dans le *chenevier*, sans nouveau labour, des raves plates que l'on récolte vers la fin de l'automne.

CULTURES EXCEPTIONNELLES.

Tabac. — C'est en 1806 que l'Etat s'est emparé du monopole du tabac; dès lors, lui seul peut en autoriser la culture.

Depuis l'annexion de la Savoie à la France, le canton de Rumilly, puis l'arrondissement d'Annecy, et plus tard celui de Chambéry, ont été autorisés à faire cette culture sur des surfaces limitées, qui s'élèvent aujourd'hui à 200 hectares.

On cultive en Savoie trois variétés de tabac : le havane, le palatinat ou amazone, le tabac de Virginie ou à langue.

La culture de ces trois variétés est la même ; les semis se font sur couche ; aussitôt que le plant est assez fort ; on le repique dans un sol suffisamment fumé, qui a reçu au moins deux labours ; on donne au tabac un binage et plus tard un buttage.

Aussitôt que la tige du tabac a atteint une force suffisante, on l'écime et on l'ébourgeonne.

La récolte du tabac se fait rarement en une seule fois ; on commence par lever les feuilles basses, on rentre les autres aussitôt qu'elles ont atteint un degré convenable de maturité.

Ces feuilles, transportées au séchoir, y restent suspendues jusqu'au moment où on les réunit en manoques, puis en balles, pour les livrer à la régie qui en est l'acheteur obligé.

La culture du tabac réussit très bien en Savoie, la qualité en est bonne, l'Etat fait tout ce qu'il peut pour favoriser les planteurs, enfin la récolte en est rémunératrice ; malgré toutes ces circonstances, les demandes d'autorisations de cultures ne sont pas très nombreuses.

Le tabac exige, il est vrai, des soins spéciaux qui occasionnent un surcroît de main-d'œuvre ; mais les résultats pécuniaires présentent une assez large marge pour faire face à tout.

Il ressort, en effet, du compte-rendu adressée en 1869

au conseil général par M. le Préfet de la Savoie que la culture du tabac, qui avait rendu, en 1867, 1,299 fr.87 c. par hectare, a donné en moyenne, en 1868, 1,508 fr. 31 c.

Nous croyons qu'aucune autre plante industrielle ne peut donner des résultats plus satisfaisants.

Mûrier. — On trouve des mûriers de tout âge à peu près partout en Savoie, on en a moins planté dans la Haute-Savoie qui se trouve dans des conditions climatériques peu favorables à sa réussite; cependant on fait des éducations de vers à soie dans l'arrondissement d'Annecy et même de Saint-Julien.

Les cantons où l'on rencontre le plus de mûriers sont ceux qui avoisinent le département de l'Isère, le Pont-Beauvoisin, Yenne, Saint-Genix d'Aoste et le bassin de Chambéry.

Le mûrier blanc greffé est le seul qu'on cultive pour l'éducation des vers à soie.

Prés naturels. — Les prairies naturelles sont nombreuses, très recherchées, mais de peu d'étendue; elles occupent le bas des vallons, les plaines et mêmes les coteaux au-dessous des habitations et des villages dont elles utilisent les eaux grasses.

La seule prairie d'une grande étendue, que possède la Savoie, est celle qui, partant de Chambéry, se prolonge jusqu'au lac du Bourget; cette plaine, de 10 kilomètres de longueur sur 1,500 mètres de largeur, est irriguée par les eaux de l'Albanne; cette rivière, qui traverse sur plusieurs points la ville, se charge, dans ce parcours, de matières fertilisantes qu'un canal d'irrigation distribue régulièrement sur les prairies.

Partout ailleurs on utilise avec plus ou moins de soin, par des rigoles à niveau ou à pentes douces et surtout par infiltration, les eaux de source ou de torrents qui descendent des montagnes.

Les irrigations ne sont pas suspendues pendant l'hiver, les eaux de source continuent à couler même sous la neige et la glace.

Les prés naturels, qui ne reçoivent de l'eau que momentanément pendant la fonte des neiges, après les pluies d'orage, sont quelquefois fumés ou terreautés à la fin de l'automne. — On les débarrasse des pailles au moment où la végétation commence.

Les rigoles d'irrigation sont tracées et nettoyées : on les renouvelle tous les deux ou trois ans; la terre de la nouvelle rigole sert à combler l'ancienne.

La première coupe des prés à regains se fait de bonne heure en juin, la seconde en septembre.

Généralement, on conduit les bêtes à cornes sur les prairies naturelles à la fin de l'automne jusqu'aux gelées.

Le rendement de ces prairies varie à l'infini, il descend souvent au-dessous de 2,000 kilogrammes par hectare et s'élève à plus de 6,000 dans la plaine située en aval de Chambéry.

Les prairies naturelles occupent en Savoie, d'après la statistique de 1862, 107,332 hectares, soit approximativement un dixième de la superficie totale; leur rendement moyen est de 3,033 kilogrammes.

Prairies artificielles. — Le trèfle rouge a sa place marquée dans nos assolements coutumiers, dans le blé qui suit la récolte sarclée.

On sème le trèfle de bonne heure au printemps, on le recouvre à la herse ou au rouleau.

Ordinairement, le trèfle est assez développé en automne pour qu'on en fasse une et même deux coupes en vert; on surexcite son précoce développement par un demi-plâtrage.

Le trèfle réussit surtout dans les terres fortes de la Savoie; dans les sols légers il est attaqué, depuis dix à quinze ans, par l'orobanche, elle se montre à la seconde coupe et fait rapidement périr une grande partie des plantes.

Anciennement on conservait le trèfle deux et même trois ans, bien que la seconde année fût peu productive; cette pratique s'est maintenue dans quelques communes de nos montagnes.

C'est toujours le froment qui succède au trèfle rompu, il y réussit mieux qu'après les récoltes sarclées.

Sainfoin. — Le sainfoin a reçu en Savoie le nom de *pelagras;* on le sème hors d'assolement.

Le sainfoin se place dans les terrains pentueux de médiocre qualité qu'on veut remettre en prairie : on le sème aussi dans les terrains calcaires qui longent les bois et généralement dans les fonds où la luzerne ne peut prospérer.

Bien que le sainfoin ne donne qu'une coupe à rentrer et que son ensemencement soit dispendieux, on consacre à sa culture des surfaces considérables, surtout dans les terrains élevés et dans les montagnes.

La durée du sainfoin est de cinq à huit ans; on ne fait de la graine que lorsqu'on veut le rompre.

Luzerne. — La luzerne est le fourrage aux forts rendements ; aussi prend-on les plus grands soins pour en assurer la réussite et la durée ; elle est ordinairement placée sur un terrain défoncé à la main, qui a reçu de fortes fumures.

On sème sur une céréale ou mêlée à quelques grains

d'orge ou d'avoine ; lorsque toute crainte de gelée a disparu, on la recouvre comme le trèfle.

La luzerne est moins exigeante qu'on ne le pense généralement sous le rapport du climat et de l'altitude ; on la
trouve donnant des produits avantageux jusqu'au pied du
Petit-Saint-Bernard ; elle demande, pour réussir, un fond
à sous-sol perméable, une terre bien égouttée, défoncée et
humeuse.

Les herbes adventices et la mousse envahissent bien
vite cette légumineuse ; il faut pour la raviver et rame-
ner les forts rendements, herser, terreauter, plâtrer et
même fumer en automne ou dans les premiers jours du
printemps.

La luzerne étant le plus précoce des fourrages artificiels, on la fait manger en vert à l'étable, cependant on
en rentre presque toujours une partie ; tous les animaux
sont avides de ce fourrage.

La luzerne donne des produits assez considérables en
Savoie, mais elle ne dure pas longtemps, il est rare
qu'on la conserve au delà de 7 à 8 ans. On consacre annuellement 43,176 hectares à la culture du trèfle, du
sainfoin et de la luzerne : leur rendement moyen est de
4,892 kilogrammes par hectare.

Pâturages et prés non fauchables. — D'après la statistique décennale de 1862, les pâturages et les prés non
fauchables occupent 182,635 hectares, 132,993 sur le
territoire du département de la Savoie ; 49,642 sur celui
de la Haute-Savoie ; ils représentent la sixième partie
du sol.

Il existe des pâturages dans les vallons, sur les flancs et
les cimes des collines, dans les ravins ; les plus étendus et
les plus fertiles se trouvent dans les hautes montagnes.

Tous les arrondissements des deux Savoie ont des pâturages : les plus riches sont ceux de la Tarentaise, de la Maurienne, des Beauges, du Grand-Bornand, d'Abondance, d'Entremont, de Flumet, etc.

Les pâturages alpins se divisent en d'innombrables exploitations de 25 à 800 hectares auxquels on donne le nom de *Montagnes;* ces montagnes, selon leur fécondité, leur étendue et leur situation, reçoivent des vaches laitières, de jeunes bœufs, des bouvillons ou élèves, des moutons ou des chèvres.

Partout où l'on fabrique le lait pour le transformer en fromage façon gruyère, en fromage de fantaisie, il existe une maison appelée chalet, où loge le personnel, où se trouvent la fruitière, la cave à fromage et une porcherie.

Dans quelques montagnes, de vastes étables abritent les animaux pendant la nuit; le plus souvent on les attache à des piquets fixés en terre, où ils sont enfermés dans des parcs à clefs mobiles.

Les pâturages n'appartiennent pas toujours à ceux qui les exploitent; il en est de même des animaux qui les garnissent, on les loue pour la saison, moyennant une redevance en argent.

L'alpage des bêtes à cornes dure en général trois mois, de juin à septembre; celui des espèces ovine et caprine se prolonge jusqu'en octobre.

Les vaches à lait rendent à leurs propriétaires, pendant la durée de l'alpage, de 15 à 25 francs.

Dans quelques montagnes on mesure le lait des vaches dans la seconde semaine de juillet, et chaque litre est compté à raison de 3 francs 50 centimes.

La chèvre se loue 5 francs.

Le prix payé par les propriétaires pour les bestiaux qui

ne donnent pas de rendement varie avec la qualité des pâturages, la taille et l'âge des animaux ; il ne descend pas au-dessous de 5 francs, et s'élève à 15 et même 16 francs.

Le nombre de têtes de bétail que peut nourrir une montagne est calculé d'après sa contenance et la catégorie à laquelle elle appartient. On place dans la première catégorie les montagnes à gruyères, les vaches y rendent en moyenne 45 kilogrammes de fromage et 5 kilogrammes de beurre ; la seconde catégorie comprend les montagnes d'un ordre inférieur, où l'on fabrique de petits fromages de fantaisie et du beurre.

D'après M. Montmayeur, les pâturages de la Savoie nourrissent pendant l'alpage 60,000 vaches laitières, 25,000 bœufs, génisses et élèves, 20,000 chèvres, 4,000 chevreaux, 80,000 brebis, moutons et agneaux.

En réduisant comparativement le petit bétail en gros à raison de 6 pour 1, on trouve qu'il faut en moyenne un hectare et demi pour nourrir une tête de gros bétail pendant son séjour au pâturage.

Le personnel nécessaire pour le service d'une montagne à fromage de 70 à 100 vaches comprend un fruitier, deux aides et trois vachers. Ce personnel s'augmente d'un vacher par 25 vaches et d'un aide par 50.

En prenant ces données pour base, on trouve que l'alpage occupe en Savoie 6,000 personnes, qu'elle donne un produit brut de 4,864,000 francs et un revenu net de 2,370,000 fr., soit 9 francs 97 centimes par hectare.

M. Montmayeur n'a pas tenu compte dans ses calculs des bénéfices que procure l'espèce porcine, entretenue dans les chalets, à raison de un porc pour 10 vaches laitières.

DONNÉES STATISTIQUES.

La statistique décennale de 1862, publiée par les soins du Gouvernement, fournit sur la Savoie des renseignements économiques et agricoles dont nous extrayons quelques chiffres, comme complément de ceux que nous avons donnés dans le cours des chapitres précédents.

Il résulte de ce document que, sur 1,000 habitants de la Savoie, 905 sont propriétaires : 712 travaillant eux-mêmes leurs terres, et 288 la font exploiter par 108 fermiers et 180 métayers ; de sorte que la proportion des fermiers est aux métayers dans le rapport de 798 à 202 ou des 4/5ᵉˢ.

Les propriétés de moins de 10 hectares sont de 898 p. °/₀ ; celles de plus de 10 hectares, de 102, soit 1/10ᵉ seulement de l'ensemble.

Sur 49,070 charrues qui se trouvent dans les deux Savoie, 87 p. °/₀ sont du pays et 13 perfectionnées dans la Savoie ; 71 du pays et 29 perfectionnées dans la Haute-Savoie.

La proportion des terres cultivées en céréales est de 11 hectares 1 are p. °/₀ dans la Savoie, et 15 hectares 1 are dans la Haute-Savoie, et le rendement moyen, de 13 hectolitres 21 pour le premier, de 15 hectolitres 85 pour le second.

Le rendement le plus élevé pour toute la France a été de 29 hectolitres 80 dans la Seine ; le plus bas, de 12,76 dans les Basses-Alpes ; la moyenne pour toute la France a été de 14 hectolitres 76 par hectare.

La superficie consacrée à chaque culture se décompose de la manière suivante :

Céréales de toute nature............ 129.037 hec.

Farineux et cultures potagères...... 30.557 »

Fourrages destinés à être consommés
en vert............................ 1.600 »

Prairies artificielles............... 43.176 »

Jachère morte.................... 15.207 »

*Superficie totale des terres entretenues
par la culture :*

Savoie................... 91.296

Haute-Savoie........... 128.281
                         ———————
                         219.577   219.577 hec.

Vignes basses................... 18.555 »

Prairies naturelles........ 107.352

Pâturages............... 182.635
                         ———————
                         289.987   289.987 »

Bois et forêts. (La statistique n'en ayant
pas été complétée, nous prenons le chiffre
fourni par M. Montmayeur)........... 253.719 »

Il reste pour les masses rocheuses, les
glaciers, les voies de communications, les
lacs et le cours des rivières........... 323.362 »

Total général de la superficie réelle
des deux Savoie...................... 1.105.200 hec.

En résumant ces données statistiques
pour apprécier l'état progressif de l'agriculture de notre pays, l'on trouve :

Qu'en déduisant les bois, forêts et terrains improductifs formant............ 577.081 hec.

Il reste en culture, en prairies naturelles et en pâturages................... 528.119 hec.

Les céréales de toute nature en occupent un quart,
soit 129.037 hectares.

Les céréales, réunies aux cultures sarclées, vignes et jachères, en absorbent moins des deux cinquièmes................ 193.356

Les prairies naturelles, les prairies artificielles, les fourrages verts, donnent ensemble un cinquième et demi... 152.428

Enfin, les pâturages forment seuls plus d'un cinquième et demi du tout............... 182.635

334.763

528.149 hec.

La Savoie serait ainsi arrivée à avoir deux cinquièmes de récolte épuisante et trois cinquièmes de plantes fourragères.

Toutefois, comme il convient de tenir compte du moindre produit des pâturages et des pertes d'engrais qu'ils occasionnent, il est le cas d'opérer une réduction qui ramène le total des terres destinées à renouveler l'épuisement du sol, au chiffre des cultures qu'ils épuisent. Cette proportion, qui prouve l'état de progrès de notre agriculture, est une nécessité dans un pays comme la Savoie, où la culture intensive est partout en pratique.

CHAPITRE VII

Les Animaux de ferme en Savoie.

La statistique de 1862 a constaté que le nombre de têtes de gros bétail est de 51,74 par kilomètre carré, dans le département de la Savoie et de 57,03 dans celui de la Haute-Savoie ; en défalquant les bois et les terrains improductifs, on arrive à plus d'une tête de gros bétail par hectare.

Nous allons rechercher dans quelle proportion chaque espèce d'animaux coucourt à ce résultat.

ESPÈCE CHEVALINE, ASINE ET MULASSIÈRE.

Le recensement spécial, effectué en 1866, des animaux de ferme de la France, donne sur le bétail de la Savoie des renseignements dont nous extrayons quelques chiffres :

	Savoie.	Hᵗᵉ-Savoie.	Totaux.
Race chevaline...	2.492	10.481	12.973
Race mulassière..	4.304	2.817	7.121
Race asine	3.634	704	4.428
Total pour la Savoie ..	10.430		
— pour la Hᵗᵉ-Savoie.........	14.522		24.522

En comparant ces données, on trouve que dans la Haute-Savoie où la propriété est moins divisée, les exploitations plus étendues, les cultures moins difficiles, l'espèce chevaline est quatre fois plus nombreuses que dans la Savoie.

Dans ce dernier département, au contraire, où les arrondissements de Saint-Jean de Maurienne, de Moûtiers et une partie de ceux d'Albertville et Chambéry sont montagneux, où les champs cultivés sont d'un accès difficile, le sol très divisé, les transports à dos continuent à être en usage et l'on y trouve deux fois plus de mulets et quatre fois plus d'animaux de l'espèce asine que dans la Haute-Savoie.

Ces chiffres, mis en regard de ceux fournis par les dernières statistiques du régime sarde, constatent une augmentation sensible de la production chevaline.

Déjà nous avons vu, dans le cours de cet ouvrage, les encouragements qui avaient déterminé ce résultat, nous n'y reviendrons pas, nous constaterons toutefois que, depuis l'annexion, l'administration du Haras a maintenu et amélioré le dépôt principal d'Annecy et fournit des étalons de choix à toutes les stations secondaires.

Ces efforts persévérants n'ont pas été sans résultats ; on est parvenu à élever la taille, à améliorer les formes de la petite race de montagne, ramassée, sobre, robuste et courageuse, que nous élevions dans le principe pour les transports à dos.

Les croisements, opérés d'abord avec des étalons suisses et allemands et plus tard avec le percheron et le demi-sang anglais, ont créé une race de chevaux de trait d'un mérite incontestable.

L'élevage ne s'est cependant pas généralisé, il est resté cantonné dans les cantons de Pont-Beauvoisin, Yenne et Saint-Genix d'Aoste, seul point du département de la Savoie où l'Etat entretient un dépôt d'étalons.

Dans la Haute-Savoie, l'élevage du cheval a pris plus d'extension principalement dans l'arrondissement d'Annecy. C'est dans cette dernière ville que se tiennent les marchés de chevaux les plus importants ; les animaux qui y sont mis en vente trouvent un écoulement facile dans la Savoie, un petit nombre sont achetés par la Suisse et les départements qui nous avoisinent.

Bien que la statistique constate l'existence d'un plus grand nombre d'animaux de l'espèce mulassière dans la Savoie que dans la Haute-Savoie, c'est ce dernier département qui en produit le plus.

Les vallées de Cluses, de Samoëns, de Taninges, Boëge, Saint-Jean-d'Aulph, Saint-Paul, Viuz, sont les principales localités où se fait l'élève du mulet ; jeunes encore, ils passent en Maurienne, en Tarentaise, dans les Beauges, dans la vallée de Beaufort, où l'on rencontre les plus beaux sujets : ces dernières localités se livrent aussi à l'élevage, mais sur une petite échelle.

On voit, par ce qui précède, que les deux Savoie se réunissent, l'une, pour produire le poulain-mulet, l'autre, pour l'élever. Les bénéfices de l'éleveur sont plus longs à se réaliser que ceux du producteur ; ce dernier vend de 4 à 6 mois le jeune mulet, tandis que le premier le garde jusqu'à l'âge de 3 ou 4 ans.

Le mulet commence à travailler de bonne heure, et dès la seconde année il gagne sa nourriture.

Les mulets trouvent un écoulement facile dans le pays, les plus beaux sont achetés sur les marchés de la Tarentaise par les Génois et les Piémontais.

Le mulet et l'âne resteront toujours l'aide indispensable du montagnard, eux seuls peuvent le suivre partout, l'aider dans ses travaux les plus pénibles, multiplier les services qu'ils lui rendent ; sobres, faciles à entretenir, ils partagent la bonne et la mauvaise fortune du maître, dont ils ne reçoivent, du reste, que de bons traitements.

L'élevage du mulet mériterait plus d'encouragement

qu'on ne lui en a donné jusqu'à ce jour; quelques baudets du Poitou, placés dans les localités que nous avons signalées comme producteurs du poulain-mulet, contribueraient à élever la taille et à améliorer les formes de l'espèce mulassière de la Savoie.

ESPÈCE BOVINE.

La Savoie n'a qu'une seule race de l'espèce bovine classée dans les catalogues des concours régionaux, mais elle en possède plusieurs autres qui, par l'uniformité, la permanence de leurs caractères et le nombre des sujets, forment des groupes importants; tels sont, dans le département de la Savoie, la race de Beaufort; dans la Haute-Savoie, les races albanaise et d'Abondance.

En dehors de ces animaux qui peuplent la moitié de nos étables, on trouve, du côté de Genève et du Valais, les races suisses et du pays de Gex; dans l'arrondissement de Chambéry, la race dite du pays, des Mezincs et des Villards-de-Lans.

La population bovine de la Savoie était, en 1790, d'après M. Depoisier, secrétaire actuel de l'Académie à Chambéry, de 209,218 têtes; la statistique de 1866 la porte à 271,961: 140,562 pour la Savoie, 131,399 pour la Haute-Savoie; l'accroissement a été de 63,000 têtes en 80 ans, soit de 800 par an; ce total de 271,961 têtes se décompose comme suit:

Veaux...............................	21.866
Taurillons et génisses.................	57.870
Taureaux............................	6.444
Bœufs...............................	27.140
Vaches	158.641

Race bovine de Tarentaise. — La race bovine de Tarentaise est très ancienne ; elle occupe le versant oriental des Alpes Grecques, où elle a pris naissance et où elle se maintient dans sa pureté.

Cette race, déjà connue avant l'annexion dans les départements du sud-est de la France, prit place , pour la première fois, au concours de Lyon de 1861 , parmi les races françaises pures ; l'année suivante, elle se fit remarquer au concours de Moulins ; enfin , en 1863, à l'occasion du concours régional de Chambéry, elle fut classée au catalogue sous le nom de race tarine ou de Tarentaise pure.

En 1866, un congrès d'éleveurs, réuni à Moûtiers, a défini d'une manière précise les caractères généraux de cette race qui ne compte pas moins de 25 à 30,000 sujets, cantonnés dans la région alpestre du Petit-Saint-Bernard, dont Moûtiers est le chef-lieu d'arrondissement [1].

---

[1] *Définition adoptée par le congrès de Moûtiers.* — Le mâle, dans la race de Tarentaise, comme cela arrive dans quelques autres races pures, diffère légèrement , par la couleur du pelage , de la femelle.

Le taureau tarin a une robe d'un gris blaireau plus ou moins foncé , passant le plus souvent au fromenté sur les côtes ; ceux d'un gris clair sont préférés.

Le gris passe au gris noir à la hauteur de l'épaule et se prolonge sur toute la partie inférieure du corps de l'animal, ainsi que sur le cou et les joues.

Chez la femelle, la robe est rarement grise ; c'est un caractère de grande pureté de race et, dans ce cas, le gris prend une teinte légèrement foncée à la hauteur de l'épaule, comme nous l'avons indiqué pour le taureau ; mais généralement la vache de la Tarentaise est fauve ou mieux d'un froment gris tout particulier, qui n'appartient à aucune autre race.

A part cette différence dans la teinte de la robe des mâles et des femelles, les autres caractères se trouvent reproduits sur tous les animaux de cette race.

La race tarine présente sans exception, chez tous les sujets purs, les

Les services multiples que les animaux de cette race rendent à l'agriculture, comme bêtes de travail, de boucherie et de rente, expliquent l'intérêt tout particulier qu'on a attaché à maintenir sa pureté.

Précoce, sobre et infatigable, elle supporte sans souffrir l'inalpage en plein air, les pluies glacées, les coups de soleil brûlants qui se produisent presque sans transition à une altitude de 1,500 à 2,000 mètres au-dessus de la mer.

Dans ces conditions tout à fait exceptionnelles, la vache tarine se maintient en bon état et donne en moyenne 1,800 à 2,000 litres d'un excellent lait utilisé pour la fabrication du beurre et du fromages.

Il fut un temps où la race de Tarentaise n'avait de débouché que sur l'Italie et les départements du midi de la France.

Maintenant l'exportation a pris des proportions plus considérables et les marchés qui précèdent et suivent l'inalpage ont, tous les ans, plus d'activité.

Les bouvillons qu'on destine au joug descendent d'étape en étape dans la plaine, d'où ils se dirigent sur les marchés de Chambéry, d'Annecy et de Voiron ; les services

larges et droits, la côte ronde, le ventre assez gros, la queue un peu relevée, l'encolure moyenne, le fanon détaché et légèrement descendu, la tête courte, le front large, les oreilles velues, le nez droit, les cornes bien posées, blanchâtres et fines à leur base, les yeux grands et doux : la peau, dure au toucher, garnie de poils longs et touffus à la descente des montagnes, devient souple après un séjour prolongé dans la plaine. caractères suivants : Le tour des yeux, l'extrémité des cornes, le sabot, la couronne, le bas du fanon, le bout de la queue, l'ouverture de l'anus, la partie inférieure du scrotum chez les mâles, les parties génitales chez les femelles sont noirs plus ou moins mêlés de poils gris, pour les parties velues. Le nez est aussi noir, cerclé de poils blancs.

En général, les animaux de cette race ont la charpente osseuse assez développée, le corps ramassé, les jambes courtes, les jarrets qu'ils rendent comme bêtes de travail ne les conduisent souvent que bien âgés à l'abattoir.

La race tarine est aujourd'hui très estimée, on la recherche simultanément pour l'abondance du lait fourni par ses vaches, pour le travail que donnent ses bœufs, pour les dispositions à l'engraissement des unes et des autres.

La race de Beaufort. — M. Montmayeur donne pour origine à la race de Beaufort le croisement de taureaux tarins avec des vaches d'Abondance et de la Suisse ; nous croyons à l'immixtion du sang tarin dans la race bovine d'Abondance ; mais nous ne sommes pas de l'avis de l'auteur quant à l'origine des mères ; on ne les a pas tirées de l'étranger, on ne les a pas fait venir d'Abondance ; le croisement s'est opéré avec les vaches du pays, dont on retrouve la plupart des caractères dans les bêtes à cornes de Beaufort.

Cette race, dite *du pays*, de couleur froment clair, occupe encore aujourd'hui une grande partie du territoire des arrondissements d'Annecy, de Chambéry et de Grenoble ; on en a fait la race du Villard de Lans dans l'Isère, l'albanaise dans la Haute-Savoie ; c'est elle qu'on retrouve sur tous les marchés de ces trois arrondissements.

La race de Beaufort, qui peuple aussi une partie des montagnes des Beauges, a plus d'ampleur que la tarine ; sa tête est plus forte, sa robe plus claire, la côte plus ronde, la taille plus développée ; généralement laitière, elle est plus délicate et plus exigeante, sous le rapport de la nourriture, que le type d'où elle est sortie.

La race de Beaufort a moins d'importance numérique que celle de Tarentaise ; son développement et son aptitude à l'engraissement la font rechercher pour la boucherie.

La race d'Abondance habite à l'extrémité de la Haute-

Savoie, sur les frontières du Valais (Suisse); elle occupe un territoire assez restreint; on en a fait une race, parce qu'elle se détache de tous les animaux que l'on trouve dans les deux Savoie.

La race d'Abondance paraît être le produit d'un croisement des races tachetées de la Suisse avec les animaux qui peuplaient anciennement les montagnes dépendant du massif du Mont-Blanc, servant de limites aux deux pays.

De même que la plupart des races tachetées de la Suisse, les animaux de la race d'Abondance n'ont pas une robe uniforme ; elles sont pie noir, pie rouge et souvent pie café au lait.

De taille moyenne, la vache d'Abondance a les membres fins, le corps allongé, la peau souple et bien détachée ; bonne laitière, elle conserve son lait plus longtemps que la tarine.

C'est avec le lait de cette race qu'on fabrique l'excellent fromage gras à pâte molle, connu sous le nom de *vacherin*.

La race albanaise. — Au concours régional tenu à Annecy en 1865, un groupe de propriétaires réunirent et présentèrent aux membres du jury un certain nombre de vaches laitières couleur froment, sans taches, dont ils demandaient le classement au catalogue de la région, sous le nom de *race albanaise*.

Les membres du jury, désignés par M. l'inspecteur général de l'agriculture Cazeaux, pour donner leur avis sur l'opportunité du classement, ne purent prononcer en l'absence de toute enquête préalable sur la permanence des caractères généraux de la race et sur son importance numérique.

La race albanaise n'a pas été classée dès lors, et la Haute-Savoie n'ayant pas une race spéciale qui lui assure un certain nombre de prix, s'est rarement fait représenter dans les concours de la région, où elle ne peut concourir que dans les races dites françaises et dans les races suisses lorsque, comme cela a eu lieu au concours de Chambéry, elles sont portées au programme.

L'ÉLEVAGE EN SAVOIE.

L'élevage des bêtes à corne, la fabrication du lait, sont les principales sources de richesses de la Savoie; aussi les races dont nous venons de parler sont laitières et ouvrières.

Dans la plupart des exploitations, on fait annuellement un certain nombre d'élèves, en conservant de préférence les femelles; lorsqu'elles sont devenues mères, on vend les vaches de 4 à 6 ans.

C'est à la montagne, pendant la durée de l'inalpage, que les vaches, que les génisses bien jeunes encore sont fécondées; c'est encore au milieu de nos gras pâturages qu'elles livrent à la fromagerie le lait le plus gras et le plus abondant.

L'étable de la vallée, le toit protecteur du petit propriétaire, abritent la vache pendant les derniers temps de la gestation; c'est là qu'elle allaite trop peu de temps son nourrisson.

De février à juin, les élèves de l'année se fortifient, se préparent à suivre le berger au pâturage.

Les bouvillons qu'on destine au joug montent, eux aussi, une seconde et dernière fois dans des prairies spéciales où ils sont réunis en troupeaux; puis, quand les froids les ramènent dans la vallée, ils suivent de nouveaux propriétaires, qui les exercent au travail en les soumettant à de légers travaux.

Dans les plaines où l'on n'inalpe pas les troupeaux, on envoie ordinairement les élèves à la montagne, ils auraient trop à souffrir de la stabulation à peu près permanente à laquelle ils sont soumis.

Les races de la Savoie sont précoces : à trois ans les génisses sont devenues mères, les bouvillons portent le joug.

Les taureaux conduits à la montagne sont généralement d'un bon choix, il n'en est pas toujours de même de ceux qui servent à féconder les vaches des exploitations de la plaine ; leur rareté engage les propriétaires à les livrer trop tôt à la monte, et le désir d'en faire des bœufs les empêche de rendre tous les services auxquels ils étaient appelés.

De louables efforts avaient été tentés sous le régime sarde pour changer cet état de choses et mettre des taureaux de choix à la disposition des éleveurs ; avec les fonds votés par les communes, avec les subsides des conseils provinciaux et divisionnaires, des primes étaient décernées annuellement aux meilleurs reproducteurs de l'espéce bovine.

Les Sociétés d'agriculture et surtout les comices ont continué, depuis l'annexion, à distribuer des récompenses aux propriétaires de taureaux, en leur imposant l'obligation de conserver les animaux primés et de les tenir pendant un an à la disposition des cultivateurs.

L'élevage des bouvillons se fait surtout dans les montagnes, c'est la Tarentaise qui en fournit le plus grand nombre. Les veaux qu'on destine au travail sont bistournés à trois semaines, un mois ; ils prennent dès cet instant le nom de *melons* qu'ils conservent sur tous nos marchés ; les taureaux deviennent aussi, à deux ou trois ans, des animaux de travail.

Pour donner une idée de l'activité de l'élevage en Savoie, empruntons quelques chiffres à la statistique de 1866.

A cette date, on trouvait dans nos étables 27,140 bœufs, 6,444 taureaux, 158,641 vaches, 21,866 veaux de moins de trois mois, 57,870 bouvillons, taurillons et génisses.

LES BEURRES ET LES FROMAGES DE LA SAVOIE.

La Savoie fabrique, dans ses meilleures montagnes et dans les fruitières de la plaine, des fromages façon gruyère d'excellente qualité ; lorsque les froids diminuent la lactescence, on fait des fromages demi-gras ou maigres.

Dans les montagnes de moindre importance, on convertit le lait en fromage gras à pâte dure ou molle ; on fait des *vacherins* dans les Beauges et à Abondance, des *reblochons* à Thônes, des *brezegods*, des *gratairons* à Beaufort; des *boudannes*, des fromages blancs, partout où l'on veut obtenir avant tout la plus grande quantité de beurre possible.

Dans les montagnes où se trouvent des troupeaux de vaches, de chèvres et de brebis, on fabrique des fromages de fantaisie à pâte dure, des *mont-cenis*, des *persillés*, qui ont leur similaire dans le gex et le sassenage, des *tignards* qui ressemblent au fromage de roquefort.

Le mont-cenis est fait avec du lait de vache, de chèvre et de brebis ; le tignard avec celui de brebis pur ou mélangé à du lait de vache.

Les vacherins, les reblochons se fabriquent avec du lait de vache non écrémé ; les boudannes, les fromages blancs ou tommes, avec le lait aigri ou écrémé.

Avant l'annexion, nos excellents beurres de montagne se vendaient déjà en France à de bonnes conditions, nos fromages façon gruyère s'écoulaient surtout en Piémont et en Suisse; depuis 1860, ces derniers débouchés, sans nous être entièrement fermés, sont moins assurés que par le passé.

Quant aux fromages communs de fantaisie, se prêtant peu à l'exportation, on les consomme dans le pays; cependant les mont-cenis et les reblochons commencent à se répandre sur les marchés des départements qui nous avoisinent.

Nous pensons que la Savoie aurait tout à gagner à unifier la fabrication de ses fromages de fantaisie, de manière à leur donner une importance commerciale qui ne manquerait pas de leur ouvrir de nombreux débouchés.

ANIMAUX DE TRAVAIL.

En Savoie, dans les pentes et les coteaux, c'est le bœuf qui est l'animal de travail préféré; dans les montagnes, où les transports se font encore à dos, on utilise le mulet et l'âne; dans les plaines et les demi-coteaux, on se sert de chevaux pour les charrois éloignés, pour les hersages; ce n'est qu'exceptionnellement qu'on les attelle à la charrue.

Voici, du reste, la proportion relative de ces quatre espèces d'animaux :

	Savoie	H^{te}-Savoie	Totaux
Bœufs	15.974	11.166	27.140
Chevaux et juments	2.118	8.719	10.837
Mulets et mules	3.691	1.822	5.513
Anes et ânesses	3.536	762	4.298
Total	25.319	22.469	47.788

A ces 47,788 têtes d'animaux de travail, il faut ajouter

un nombre considérable de vaches qu'on utilise dans toutes les exploitations de moins de dix hectares; nous avons vu qu'il y a 66,048 de ces attelages dans les deux Savoie.

Les bœufs entretenus dans nos fermes ne sont pas tous élevés chez nous; on en tire une partie des montagnes du Mezincs, d'où ils arrivent sur le marché de Chambéry à l'état de bouvillons. Appareillés au moment de l'achat, ils reçoivent leur première éducation dans les petites fermes des environs de Chambéry; à l'âge de 5 ou 6 ans, ils sont achetés par les agriculteurs de la Haute-Savoie, d'où ils gagnent les environs de Genève. C'est leur dernière étape : soumis à un travail léger, recevant une bonne nourriture, ils s'engraissent et passent presque sans transition de la charrue à la boucherie.

Les bœufs du Mezincs, connus sous le nom de *bœufs français*, sont dociles, bons travailleurs, mais délicats et d'un entretien dispendieux.

L'engouement de nos petits fermiers pour cette race tend à disparaître; on leur préfère les robustes animaux de nos montagnes, surtout les tarins; s'ils ont moins d'apparence extérieure, ils ont plus de fond, et ils se contentent d'une nourriture moins substantielle que celle exigée par les mezincs.

LE BÉNÉFICE DE L'INDUSTRIE PASTORALE EN SAVOIE.

L'espèce bovine donne des produits de différentes natures, les animaux de tous les âges fournissent de l'engrais pour renouveler les forces de la terre, les bœufs y ajoutent leur travail, les vaches leurs veaux et leurs produits lactifères, les élèves leur croît.

Nous trouvons, traduit en chiffres dans les tableaux

statistiques de 1862, le rendement brut de ces diverses natures de produits.

En voici le résumé :

Bœufs et taureaux. Valeur	Savoie Fr.	H^{te}-Savoie Fr.	Totaux Fr.
de l'engrais et du travail.	6.901.938	5.337.264	12.239.202
Vaches, engrais, lait, croît.	30.624.537	32.920.643	63.545.180
Elèves, engrais, croît.....	786.171	525.844	1.312.015
Veaux, engrais, croît.....	193.534	227.022	420.556
Total pour la Savoie....	39.506.180		
Total pour la H^{te}-Savoie		38.010.773	77.516.953

En comparant les produits bruts obtenus de l'espèce bovine dans tous les départements de l'empire, on trouve que la Haute-Savoie occupe le 40° rang et la Savoie le 41°, laissant derrière elles, malgré la petite superficie de leur territoire utile, 47 départements. Le Puy-de-Dôme est celui qui arrive aux résultats les plus considérables, 102,030,576 fr. ; Saône-et-Loire vient ensuite avec 98,061,961 fr. Le département dont le rendement en bestiaux est le plus bas est le Vaucluse, 907,439 ; les Basses-Alpes prennent le second rang avec 2,603,584.

On voit, par les données qui précèdent, que les deux Savoie obtiennent de bons résultats de l'éducation de l'espèce bovine ; il est vrai que l'industrie pastorale est notre principale source de richesse et qu'il ne s'agit que du produit brut ; mais, quelle que soit la réduction qu'on fasse subir à ce chiffre de 77 millions, qu'on en prenne la moitié, le tiers, le quart et même le cinquième pour arriver au produit net, on trouvera toujours un bénéfice annuel considérable.

L'ESPÈCE OVINE, PORCINE ET CAPRINE EN SAVOIE.

Espèce ovine. — D'après la statistique officielle de 1866, l'espéce ovine serait représentée dans le département de la Savoie par 95,849 têtes et par 49,334 dans la Haute-Savoie.

Ces 144,823 moutons appartiennent aux métis-mérinos à laine commune et aux races indigènes de Marthod et de Thônes.

Les métis-mérinos se rencontrent surtout dans les arrondissements de Chambéry et d'Annecy; la race de Marthod habite les parties montagneuses de l'arrondissement d'Albertville et toute la Tarentaise; la race de Thônes s'élève et se nourrit dans le massif des Alpes qui part des environs d'Annecy pour se réunir au Mont-Blanc.

D'après M. Montmayeur, les caractères généraux communs aux races de Marthod et de Thônes sont les suivants :

« Robe blanche avec le tour de la bouche et des yeux, les oreilles et les pieds marqués de noir; laine commune, d'une longueur qui varie de 10 à 15 centimètres; la tonte se fait deux fois, et les brebis donnent deux portées par année.

« Caractères particuliers : 1° Pour la race de Marthod, petite taille, corps ramassé, bas de jambe bien culotté, à petits os et très facile à engraisser. Les béliers sont armés de cornes de moyenne grandeur et gracieusement contournées; le quart environ des brebis en est également pourvu. La première monte se fait à dix mois avec portée d'un agneau et même de deux; le rendement en laine par tête est de 1 kilo à 1 kilo et demi après lavage. A la boucherie, le poids net de la viande est en moyenne de 18 kilos ; elle est d'un goût très fin, délicat et pour ainsi dire parfumé, d'une digestion facile.

« 2° Pour la race de Thônes, taille forte, charpente longue et développée, élevée sur jambes. Les brebis sont fécondées à huit mois et très bonnes laitières, leur portée ordinaire est de deux agneaux.

« La toison, après lavage, pèse en moyenne de 2 à 2 kilos et demi ; à la boucherie, le poids net de la viande est de 25 kilos.

« Cette race est plus délicate et, par conséquent, moins facile à engraisser. Elle s'accommode mieux des vallées et des pacages intermédiaires ; aussi la chair, qui cependant est très bonne, laisse-t-elle un peu à désirer sous le rapport du parfum dont les bêtes ovines de Marthod vont s'imprégner dans les pâturages voisins des glaciers.

« Comme bêtes de boucherie, ces deux races réunissent toutes les qualités essentielles : croissance très prompte, précocité et fécondité. Il n'y a pas d'animaux de ferme qui, sur un capital aussi faible, donnent un rendement plus prompt et plus avantageux.

« Dans les quinze premiers mois de leur existence, la graduation de leur valeur peut s'établir comme suit :

« A un mois, race de Marthod, 4 fr. ; race de Thônes, 6 fr. — A la fin de l'inalpage, la première, 10 fr. ; la seconde, 14 fr. — Au sortir de l'hivernage, la première, 18 fr. ; la seconde, 22 fr.

« Voilà pour le seul bénéfice de la croissance, sans parler du lainage, contre une nourriture modeste, qui sans cela aurait peut-être été perdue ou de nulle valeur... »

Nous croyons utile d'ajouter quelques renseignements à ceux pleins d'intérêt puisés dans l'ouvrage de M. Montmayeur.

Les moutons de la Savoie ont besoin d'être d'une rusticité à toute épreuve. Pendant l'hiver, ils sont réunis dans des étables étroites où ils produisent l'engrais que le propriétaire consacre à ses champs ; ils sont nourris avec les débris refusés par les vaches, avec des feuilles d'arbres, de la paille, et enfin avec le foin aigre dont on ne sait que faire : ils sont soumis à ce régime du 1er octobre au 1er mai.

Ils passent le reste de l'année à la montagne, réunis à des troupeaux de vaches, dans la proportion de 80 moutons pour 10 vaches.

Les bergers conservent les meilleurs pâturages pour les vaches, les moutons sont conduits sur les cimes les plus élevées, où ils cherchent leur nourriture dans les anfractuosités des rochers. Si on les descend dans les premiers, c'est uniquement pour leur faire brouter les herbes refusées par les bêtes à corne. Dans ce cas, on les parque pour fumer les pâturages.

Pendant les cinq mois qu'ils passent à la montagne, les moutons sont soumis à toutes sortes d'épreuves ; ils passent alternativement des plus grandes chaleurs à des abaissements incessants de température, puis viennent les pluies prolongées et les neiges.

Dans ces conditions, leur laine ne peut être que ce qu'elle est, longue, soulevée, commune et tombante ; cette laine est à la fois, pour ces troupeaux, un abri contre les trop grandes chaleurs et une couverture sur laquelle la pluie coule sans imprégner la toison.

Le lait de brebis, mêlé à celui de vache, sert à la fabrication du fromage du Mont-Cenis, qui, par sa forme et ses qualités, se rapproche beaucoup de celui du pays de Gex, sans être cependant aussi délicat que ce dernier. — On compte qu'un chalet de 10 vaches et de 80 brebis rapporte brut au propriétaire de 12 à 1,400 fr.

Les brebis sont livrées aux montagnards par troupeaux de 5 à 10, accompagnées de leurs agneaux. Le propriétaire de la montagne ne demande rien et ne reçoit rien ; l'un profite du lait, l'autre retrouvera à la fin de la saison ses brebis et ses agneaux augmentés de valeur. Les troupeaux de vieilles brebis et de moutons qu'on destine à l'engraissement sont soumis à d'autres conditions d'inalpage.

Ordinairement, en avril, le propriétaire d'une montagne achète sur les foires du pays un troupeau qui varie de 200 à 500 moutons, il en fait l'engraissement pour son compte.

Rarement des particuliers achètent des troupeaux et louent des montagnes ; le prix de la location du pâturage varie, dans ce cas, de 2 fr. à 2 fr. 50 c. par tête.

L'engraissement dure de 80 à 100 jours ; on conduit, après ce laps de temps, le troupeau sur les foires du pays, où les marchands de la Suisse et de la France viennent les acheter.

La laine, toute grossière qu'elle paraisse, est très recherchée. Avant l'annexion, elle se vendait en Piémont pour alimenter les fabriques de draps de Biella ; depuis 1860, les fabricants de Vienne et de Lyon l'achètent, lavée à dos, à des prix qui varient de 1 fr. 20 à 2 fr. le kilog.

Nous ajouterons, en terminant, que les essais tentés à plusieurs reprises pour introduire des races perfectionnées n'ont pas réussi, ces animaux ne peuvent supporter l'alpage ; il faut, pour résister aux dures conditions qui sont faites à l'espèce ovine dans les montagnes de la Savoie, des aptitudes spéciales dont la Providence a généreusement pourvu nos races.

Nul doute que les moutons de Marthod et de Thônes, mieux connus et mieux appréciés, ne soient appelés à rendre de véritables services à l'agriculture des localités placées dans des conditions identiques à celles où ils vivent en Savoie.

Espèce porcine. — On trouve en Savoie, à côté des races porcines améliorées, la race primitive, celle qui, au rapport de Strabon, formait une des principales sources de richesses des premiers habitants de nos montagnes.

La race du pays se rencontre surtout dans les alpages, dans les chalets à fromage, où ces animaux suivent les troupeaux ; leur nourriture se compose de petit lait, ils cherchent dans les pâturages le complément de leur entretien.

Sous l'influence d'une sélection prolongée, la race porcine de la Savoie a beaucoup gagné ; on recherche pour reproducteurs les animaux au front large, à oreilles longues et tombantes, à naseau court, ceux qui ont des jambes courtes, la côte ronde, le dos horizontal et long.

Les truies font une seule portée en février ou mars ; les éleveurs vendent les porcelets aux engraisseurs, à l'âge de 3 mois. Chaque ferme en élève 1 ou 2 : en décembre, ils pèsent 90 à 100 kilog. ; mais, pour les amener à ce poids, il est nécessaire de leur donner une bonne et abondante nourriture.

Les porcs tués à cet âge servent ordinairement à l'entretien du ménage ; ceux qu'on destine à la boucherie sont poussés de 150 à 200 kilog., poids qu'ils atteignent à 18 mois.

On peut reprocher à cette race son tardif engraissement ; elle rachète cet inconvénient par la qualité de sa viande, qui la fait rechercher sur les marchés de Genève, de Grenoble et de Lyon. Il faut tenir compte aussi de sa rusticité, qui lui permet de se transporter à de grandes distances sans souffrir de la marche ; jusqu'à ce jour, cette condition était essentielle dans un pays comme le nôtre, formé de collines et de montagnes qu'il faut parcourir par des sentiers difficiles pour se rendre sur les marchés.

L'introduction des races anglaises en France n'est pas ancienne, elle ne remonte pas au delà de 1830; c'est, en effet, cette année que M. Huzard a importé la race chinoise; de 1833 à 1837, M. Bella, directeur de l'Institut royal agronomique de Grignon, fit connaître le berckshire et l'hampshire; M. Lefèvre Sainte-Marie introduisit en 1849 le new-leicester; M. Gunter, en 1855, le middlessex.

Les concours régionaux ont beaucoup contribué à répandre ces premiers types, et généralement on s'est bien trouvé des croisements qu'on en a fait avec les diverses races de la France.

Ces animaux ont incontestablement plus de précocité, plus d'aptitude à l'engraissement que les nôtres; mais l'exagération de l'état de graisse les fait abandonner dans beaucoup de fermes, parce qu'elle préjudicie à la fécondité des reproducteurs.

Généralement on préfère les produits des croisements opérés avec nos races indigènes.

Les porcs anglais qu'on a pris pour croiser nos races ont été heureusement choisis dans les berkshire et les hampshire; les résultats partiels obtenus auraient dû encourager les producteurs à les poursuivre; malheureusement les verrats de ces races n'étant pas nombreux, leur action se trouve très limitée.

L'élevage et l'engraissement des porcs ont une certaine importance en Savoie; la statistique de 1866 en porte le nombre à 19,648 pour le département de la Savoie et à 20,340 pour la Haute-Savoie.

Espèce caprine. — L'espèce caprine n'est pas seulement la ressource des petits ménages de la Savoie qui ne peuvent entretenir une vache; on l'utilise surtout dans les montagnes pour consommer les pâturages inaccessibles à tous autres animaux.

C'est dans ces conditions que la chèvre est à sa place, aussi l'y trouve-t-on en troupeaux considérables.

Les chèvres montent plutôt à la montagne que les bêtes à cornes, elle en descendent plus tard, c'est la chute des neiges qui détermine leur retour à l'étable.

La statistique de 1862 porte à 54,142 le nombre de têtes de boucs, de chèvres et de chevreaux des deux départements de la Savoie ; ce chiffre nous paraît exagéré. M. Montmayeur n'en évaluait le total, en 1865, qu'à 27,342 : 22,247 pour la Savoie, 4,895 pour la Haute-Savoie.

La taille de l'espèce caprine de nos montagnes n'est pas élevée, elle a généralement le poil ras de couleur fauve ; on préfère les chèvres qui n'ont pas de cornes.

La chèvre est sans contredit celui de tous les animaux domestiques qui donne, eu égard à son prix d'acquisition et d'entretien, les résultats pécuniaires les plus avantageux; on sale la viande pour la consommer pendant l'hiver; les chevreaux qu'on n'élève pas sont vendus de 3 à 4 fr. ; enfin, on fabrique avec son lait des fromages de fantaisie d'excellente qualité.

VOLAILLES.

On trouve dans toutes les exploitations de la Savoie un certain nombre de volailles, mais elle ne forment nulle part l'objet d'un commerce spécial.

L'espèce galline est l'hôte principal de nos basses-cours ; la race ancienne, qu'on retrouve pure dans les montagnes où n'ont pas pénétré les races perfectionnées mises en vogue par les concours agricoles, réunit les caractères gé-

néraux de la bressanne ; de taille moyenne, pondeuse
et couveuse, de chair assez délicate, elle arrive sans nourriture spéciale à l'état d'embonpoint.

Le canton de St-Genix d'Aoste et celui du Pont-Beauvoisin font seuls des poulardes et des chapons, qui ont
acquis une réputation méritée.

On élève des dindons dans les arrondissements d'Annecy
et de Chambéry, où l'on cultive du blé noir, c'est en parcourant les chaumes de céréales qu'on achève l'élevage ; les
dindons sont engraissés pendant l'hiver avec des grains et
des farines de blé noir et de maïs.

L'élevage du canard commun se fait dans les communes
traversées par des cours d'eau ; la vente ne dépasse pas
les besoins locaux.

Il en est de même du pigeon de volière qu'on entretient
plutôt comme un objet de luxe que pour le revenu qu'il
donne.

LES MIELS DE LA SAVOIE.

La statistique de 1866 constate l'existence de 24,836
ruches dans le département de la Savoie et de 35,835 dans
celui de la Haute-Savoie.

Les miels les plus estimés sont ceux qui proviennent de
nos communes montagneuses ; le miel de Chamonix a
une réputation européenne ; ceux de Longefoy, de
Megève, de Flumet, de Beaufort, de Jarsy, moins blancs
que le premier, ont un parfum qui les font rechercher des
véritables amateurs.

Une grande partie des miels de la Savoie sont consommés
sur place, l'excédant s'écoule en Suisse et dans les départements qui nous avoisinent.

CHAPITRE VIII

**La vigne et les arbres cultivés en Savoie
pour leurs fruits.**

En prenant pour base les données de la statistique
officielle de 1862, on trouve que les vignes basses occupent, dans le département de la Savoie, une superficie de
11,209 hectares, rendant en moyenne 24 hectolitres
36 litres, tandis que les 7,346 hectares de la Haute-Savoie
donnent 31 hectolitres 36 litres.

Ces 18,555 hectares de vignes sont plantées sur un
nombre infini de points; on en rencontre dans tous les
arrondissements, même dans les plus montagneux; celui
de Chambéry en possède à lui seul autant que les sept
autres réunis.

Les plantations de vignes occupent en général les
terrains situés au bas des montagnes, les pentes placées
au-dessous des bois, les coteaux rocailleux qu'on ne peut
utiliser pour la culture.

L'exposition a, dans nos contrées, une influence peut-
être plus considérable que l'altitude. Ainsi, en Maurienne,
en Tarentaise, dans le Faucigny, on trouve à 600 et même à
700 mètres au-dessus du niveau de la mer de petits lots de
vignes donnant des raisins qui mûrissent à la faveur d'une
exposition privilégiée.

La majeure partie des vignobles de la Savoie sont plantés
dans un sol à base calcaire; on en trouve aussi dans les
schistes et les gypses, dans les terrains crétacés, dans les

grès verts supérieurs et inférieurs, enfin sur le diluvium alpin.

La nature tourmentée de notre sol a fait placer la vigne à toutes les expositions. La colline de Crépy, dans le Chablais, a une direction générale du nord-est au sud-ouest ; les vignobles plantés le long du cours de l'Arve sont exposés au sud et au sud-est ; ceux du val de Fier ont le sud, le sud-est et le sud-ouest ; ceux de Faverges, d'Annecy et de Talloires, le sud ; ceux de Seyssel, de même que ceux de la Chautagne jusqu'à Aix-les-Bains, sont tournés à l'ouest ; les vignes de Chambéry à Montmélian sont exposées au sud-ouest ; celles de cette dernière ville à Saint-Pierre d'Albigny, où l'on récolte les meilleurs crus, sont au sud-est.

Le cépage dominant dans les vignes basses de la Savoie est la mondeuse, c'est elle qui fournit les vins de garde ; on lui associe, dans quelques vignobles, une faible proportion de douce noire et de raisins blancs ; le persan est le cépage de la Maurienne qui donne le vin de Princens ; le hybou, l'hyvernais, se rencontrent en vignes basses en Tarentaise.

Les vignes blanches sont plantées de bergeron, de barbin, de roussette petite, haute et basse, de saint-perray, d'altesse, de sainte-marie, de gouais, de bon blanc, de fendant vert et roux, de gringet, de barzin et de jacquère[1].

---

[1] Aux expositions de raisins, tenues à Chambéry et à Lyon en 1868 et 1869, il a été reconnu que la mondeuse, mandouse, marve, molette de la Savoie a pour synonymes la persagne du Lyonnais, la salanaise de Givors, la grosse sirah, la marsanne noire de la Drôme, la montouse du Roussillon, la savoyanche de Saint-Ismier, la marsanne noire de Tullins, le tournarin de la Tour-du-Pin, le grand chetuan, le meximieu de l'Ain, la parsence de Belley, le margilien du Jura, le bon savoyan du canton de Genève.

La mondeuse et la jacquère sont deux plans d'une maturité tardive exceptionnelle; leur rusticité permet d'en retarder sans inconvénient la cueillette jusqu'au mois d'octobre.

Toutes les vieilles vignes de la Savoie sont plantées en foule et sont renouvelées par le provignage.

La culture de la vigne est plus ancienne et mieux à sa place dans le département de la Savoie que dans celui de la Haute-Savoie; aussi, dans le premier, ce sont les cépages rouges qui dominent, tandis que dans le second ce sont les cépages blancs.

Toutes les nouvelles plantations sont faites en lignes, distantes de 0,80 centimètres à 1 mètre; les ceps sont placés dans la ligne à la distance de 70 à 80 centimètres.

On plante la vigne de fin mars à fin mai sur un défoncement à la main; les chapons ou crocettes sont fixés en terre à la profondeur de 20 à 30 centimètres, en pratiquant un

La douce noire de la Savoie a pour synonymes le corbeau de l'Isère, le provereau de Chapareillan, le calarin de Jujurieux, le plan de Montmélian, du Rhône et de l'Ain, le picot rouge de la Tronche et de Saint-Ismier, le charboneau du Jura, la crête de coq des Basses-Alpes.

Le persan a pour synonymes, en Savoie, le beccu, la becuette, le princens, et dans l'Isère l'étris et le petit étraire.

Le hybou, l'hyvernais, le polofrais de la Savoie ont pour synonyme l'aramon de l'Hérault.

Le bergeron, le barbin de la Savoie, le gringet de la Haute-Savoie, ont pour synonyme la roussanne de la Drôme et de l'Ardèche.

La sainte-marie de la Savoie a pour synonymes le gamay blanc, le bourguignon blanc du Beaujolais, le melon du Jura.

L'altesse, prin blanc de la Savoie, a pour synonyme la roussette haute de Seyssel (Ain).

Le saint-péray de la Savoie a pour synonymes la clairette de la Drôme, la blanchette du midi.

La petite roussette de la Savoie a pour synonyme le gouai du Jura.

Le greffou, le lardé, le lardeau de la Savoie, sont des chasselas.

petit fossé dans lequel on couche le sarment, ou au moyen d'un plantoir.

Les ceps ne sont pas toujours plantés à la place qu'ils doivent occuper ; dans quelques localités, on met les chapons à 1ᵐ50 ou 2 mètres et, à la troisième année, on les couche de manière à former des lignes distantes de 80 centimètres à 1 mètre.

Dans la Haute-Savoie, on donne à la vigne des soins plus nombreux et mieux entendus que dans la Savoie ; on imite généralement ce que l'on fait en Suisse, où un grand nombre de nos journaliers travaillent une partie de l'année.

La vigne, fumée par tiers ou par quart, à raison de 25 à 30 mètres cubes de fumier d'étable par hectare, reçoit régulièrement deux labours, l'un en mars avant la première pousse, l'autre en juin avant la floraison ; on lui donne ensuite des binages et des sarclages à la houe ou à la râtissoire pour aérer le sol et détruire les mauvaises herbes.

Chaque cep a un échalas de 1ᵐ50, fixé de manière à tenir la souche verticale sans ligature. La tête du cep, arrêtée à 20 ou 25 centimètres du sol, est dirigée de façon à former 2 ou 3 cornes qui s'élargissent pour que l'air et le soleil pénètrent au centre et que les raisins ne soient pas gênés dans leur développement. On taille sur un œil franc, en choisissant de préférence le courson placé en dehors de la corne, enfin on pratique l'ébourgeonnement, le relevage, le pincement et le rognage de tous les ceps.

Dans le département de la Savoie, on se rapproche davantage des soins donnés à la vigne dans le Mâconnais et le Beaujolais ; les souches ont des bras irréguliers qui portent un ou deux coursons taillés à un ou deux yeux francs, elles ne sont pas toutes échalassées et leur élévation au-dessus du sol varie de 30 à 50 centimètres, selon leur âge; leur distance n'a rien de régulier, par suite du provignage qui déplace et renouvelle la vigne par vingtième. Nous ne pensons pas que la moyenne des souches dans ces conditions dépasse 10 à 11,000 par hectare, tandis qu'en lignes régulières on en compte 12 à 13,000.

Les labours se donnent plus tard dans la Savoie que dans la Haute-Savoie; on attend, pour faire le premier, que les bourgeons aient débourré; on en profite pour débarrasser la souche des pousses mal placées ou inutiles. Depuis ce moment jusqu'à la floraison, époque préférée pour relever les pampres, on n'entre pas dans la vigne; ce n'est qu'après l'accolage qu'on donne le second labour.

Le ban des vendanges existe encore dans la plupart de nos meilleurs vignobles; l'extrême division de la propriété et le difficile accès de chaque parcelle semblent légitimer le maintien de cet usage qui contrarie le libre exercice de la propriété.

La mondeuse étant le plan dominant en Savoie, sa tardive maturité recule ordinairement les vendanges jusqu'à la fin de septembre ou les premiers jours d'octobre.

Le raisin cueilli est transporté à la cuve dans des vases en bois, appelés *gearles* ou *gearlons,* contenant de 40 à 80 kilogrammes de vendange; les cuves en bois dur, donnant 30 à 50 hectolitres de vin, sont foulées une ou deux fois par les soins du vigneron; on décuve quand le chapeau descend et que le vin se refroidit.

Le vin est logé dans des tonneaux en gros bois de chêne, de châtaignier ou de cerisier, contenant uniformément 225 ou 450 litres correspondant à 100 ou 200 pots, mesure ancienne de Montmélian; on mêle le vin de cuve à celui du pressoir.

Les raisins blancs sont portés de la vigne sur le pressoir puis pressés et mis de suite en fûts.

Les vins de conserve, placés dans de bonnes caves ordinairement voûtées, sont transvasés une première fois en mars et quelquefois une seconde au bout d'un an; les vins destinés au bouchon sont mis en bouteille après trois ou quatre ans de fût.

Les vins bien faits des meilleurs crûs de la Savoie atteignent toutes leurs qualités à dix ans; la période décroissante commence à quinze, bien qu'ils se conservent jusqu'à vingt-cinq et même trente ans.

Le prix de nos vins varie à l'infini; il dépasse rarement 40 francs l'hectolitre en rouge et 60 francs en blanc; il descend, pour les vins rouges communs, à 20 francs l'hectolitre et à 15 francs pour les blancs.

Chaque arrondissement de la Savoie a des crûs recommandables : celui de Chambéry est sans contredit le plus riche ; c'est sur son territoire qu'on récolte les vins rouges de Montmélian, d'Arbin, de Saint-Jean de la Porte, de Cruet, de Chignin, de Monterminod, d'Apremont, de Touvière, de Chautagne, les vins blancs mousseux de Seyssel, d'Altesse, de Vimines, les vins secs de Chignin, de Villardhéry, de Marétel.

L'arrondissement de Saint-Jean de Maurienne fournit le princens, le saint-julien; celui de Tarentaise, l'aigue-blanche.

Dans la Haute-Savoie, les meilleurs crûs sont plantés de cépages blancs; l'arrondissement de Thonon donne le vin de crépy; celui de Bonneville, l'aïse; celui de Saint-Julien, le seyssel, le frangy, le bassy, le mussiége; celui d'Annecy, le talloire rouge.

Tous les crûs que nous venons de signaler ont une belle

couleur, du brillant, de la solidité, un bouquet particulier et des qualités hygiéniques qui les ont fait comparer par le docteur Jules Guyot aux vins légers du Médoc.

Les vins blancs, de l'avis des hommes les plus compétents, peuvent être comparés aux meilleurs vins de France.

TREILLAGES-HAUTAINS.

La production vinicole de la Savoie n'est pas limitée aux vignes basses; on y trouve encore, entremêlés aux cultures, des hautains et des treillages qui fournissent une quantité considérable de vin commun.

Anciennement, pour soutenir les pampres de vignes, on plantait en lignes, à trois ou quatre mètres de distance, des érables ou des cerisiers dont on mariait les branches.

Plus tard, on abandonna le cerisier, et l'érable fut taillé en forme de gobelet.

Sur cet arbre, connu sous le nom générique de *hautain*, on faisait monter des plans très productifs, tels que le hybou, la grosse douce-noire, le sept-livres.

Ces hautains, qui portent par leur ombre un grand préjudice aux récoltes placées au-dessous, tendent à disparaître ; on les remplace, à Evian, par des crosses isolées; dans l'arrondissement de Chambéry, par des treilles en bois mort sur lesquels on fait courir des ceps moins productifs, qu'on soumet à une taille régulière.

Cette taille, que M. Dubreuil a décrite avec soin dans le *Journal d'agriculture pratique* du 20 octobre 1864, mérite d'attirer l'attention des personnes qui s'intéressent aux progrès de la viticulture; les résultats en sont des plus satisfaisants.

Il est difficile d'apprécier d'une manière précise le

rendement des treillages de la Savoie, parce qu'ils affectent des formes différentes et que la distance des lignes dans les champs varie de 10 à 30 mètres. Nous croyons cependant nous rapprocher de la vérité en fixant la moyenne du rendement à 10 hectolitres par hectare.

Le mode de faire valoir le plus usité pour les vignes de la Savoie est le métayage ; dans la Haute-Savoie, c'est le faire valoir direct qui domine.

Le métayage de la vigne met à la charge de l'exploitant les frais de culture, de récolte, le soin des fûts, du vin en cave et son transport au domicile de l'acheteur ; il paye, en outre, la moitié de l'engrais, des échalas et des impôts.

Le propriétaire fournit la cuverie et la cave ; rarement il loge le métayer, à moins qu'il n'exploite simultanément des terres et des vignes. Le vin se partage sous le pressoir.

La récolte des treillages suit les conditions des terres sur lesquelles ils sont placés ; cependant habituellement le propriétaire se réserve la moitié du vin qu'on en obtient.

En prenant pour base les chiffres que nous avons donnés en tête de ce chapitre, le rendement moyen annuel des vignes du département de la Savoie serait de :

	272,905 hect. d'une valeur de 6,511,304		»
Celui du département de la Haute-Savoie de..	230,593	id.	6,904,706 »
La récolte des hautains arriverait, d'après M. Moll, de Faverges, à...	150,000	id.	2,250,000 »
De sorte que la production vinicole des deux Savoie s'élèverait à...	653,494	id.	15,666,010 »

La majeure partie des vins que nous produisons est consommée par les habitants du pays ; l'excédant disponible du département de la Savoie a un débouché facile sur la Haute-Savoie, la Suisse et les départements qui nous avoisinent. Aussi les producteurs ont-ils rarement deux récoltes à loger.

La culture de la vigne donne généralement de bons résultats ; si elle ne prend pas une extension en rapport avec les bénéfices qu'on en obtient, c'est que pour réussir il faut choisir les expositions les plus convenables, et que l'extrême division du sol et son morcellement s'opposent à toute création un peu importante.

ARBRES CULTIVÉS POUR LEURS FRUITS.

Les départements de la Savoie et de la Haute-Savoie, mais surtout le premier, produisent des fruits de toute espèce, d'excellente qualité ; chaque domaine a, près de l'habitation, un verger qui fournit une abondante provision de poires et de pommes à couteau et à cidre.

Les cerisiers et les pruniers se cultivent plutôt en bordure ; les pêchers, les abricotiers et les amandiers sont irrégulièrement plantés dans les vignes.

Le goût de l'arboriculture fruitière s'est développé, depuis quelque temps, parmi les classes aisées de la société ; malheureusement, nos fruits de choix n'ont pas de débouchés assez assurés pour encourager cette production, et leur culture ne constitue pas aujourd'hui une spéculation sur laquelle on puisse compter.

Lyon et Genève nous prennent, il est vrai, une partie de nos fruits ; mais l'éloignement de ces villes ne permet pas d'expédier de petits lots d'une valeur élevée.

Il faut donc considérer la production fruitière de la Savoie plutôt comme un complément de l'alimentation de sa population que comme une ressource que nous présente son exportation.

En général, on conserve les plus beaux et les meilleurs fruits; dans quelques localités, on tire parti des cerises et des prunes qui croissent en abondance en faisant de l'eau-de-vie de cerises, des pruneaux; ailleurs, on sèche au four des poires, on fait des conserves; une partie de ces provisions est vendue en petits lots, le surplus est consommé.

Dans les montagnes de la Savoie et dans une grande partie de la Haute-Savoie où l'on ne récolte pas de vin, les fruits les plus communs sont convertis en cidre.

Le noyer croit partout dans nos plaines, dans nos vallons et nos montagnes, il y prend un développement considérable; on le place de préférence dans les cours de ferme, le long des chemins, dans les prairies sèches, où son ombre cause le moins de préjudice.

Les gelées tardives du printemps compromettent souvent la fructification du noyer; aussi la greffe, qui retarde sa végétation, régularise sa récolte et augmente la valeur des fruits, tend-elle à se généraliser.

Les huiles de noix sont consommées sur place, les tourteaux servent à l'alimentation des bestiaux, les bois de noyer seuls sont l'objet d'un commerce important; on les recherche pour l'ébénisterie et la fabrication des crosses de fusils, ils s'exportent surtout à Lyon.

La plupart des collines de la Savoie étaient anciennement couvertes de bois de châtaigniers plantés et entretenus pour les fruits qu'ils donnaient en abondance.

Ces magnifiques plantations quatre ou cinq fois séculaires disparaissent peu à peu pour étendre le domaine des cultures ou former des taillis; si l'on continue, dans moins d'un siècle il ne restera plus de représentants de ces arbres fruitiers qui fournissaient la principale alimentation des premiers habitants de nos montagnes.

Les châtaignes de la Savoie sont très estimées des véritables amateurs ; les plus renommées sont celles de Saint-Innocent, de Montgilbert, du Bourget, etc. On en exporte annuellement une quantité assez restreinte dans les départements qui nous avoisinent.

La châtaigne forme, dans quelques localités, une partie de la nourriture hivernale de nos cultivateurs ; celles que l'on veut conserver longtemps sont desséchées en les exposant dans des claies à la fumée chaude de la cheminée ; à cet état, la seconde enveloppe devient adhérente ; c'est en les frappant dans un mortier en bois qu'on parvient à les blanchir[1].

---

[1] D'après M. Montmayeur, les productions de la culture fruitière proprement dite des deux Savoie peut se réduire en valeur, comme suit :

1° 100,000 hectolitres de cidre à 6 francs...... Fr.	600,000	»
2° Le dixième en consommation rurale............	60,000	»
3° 60,000 quintaux métriques livrés au commerce, au prix moyen de 10 francs........................	600,000	»
4° Kirsch obtenu de la distillation des cerises, 3,000 hectolitres à 140 francs.........................	420,000	»
5° Les noyers, dont l'ombre couvre 7,000 hectares, produiraient, en moyenne, 150 kilos de noyaux par hectare, soit 1,050,000 kilos à 1 franc..............	1,050,000	»
6° Les châtaigniers, qui occupent encore 6,000 hectares, produisent, en moyenne, 6 hectolitres par hectare, valant 6 francs l'hectolitre, soit....................	96,000	»
Total de la valeur de la production fruitière en Savoie.	2,826,000	»

CHAPITRE IX

Industries locales qui transforment les produits agricoles. — Exportations. — Charges de la propriété foncière. — Revenus et prix des terres.

Malgré les nombreuses forces motrices naturelles disséminées sur le sol de la Savoie, malgré l'abondance et le bon marché de la main-d'œuvre, l'industrie s'y est peu développée.

On trouve le motif de cet état de choses dans les conditions politiques et économiques dans lesquelles nous nous sommes trouvés sous le régime sarde.

Trop éloignés du Piémont pour lui demander en franchise les matières premières qu'il aurait pu nous fournir et lui expédier nos produits manufacturés, nous ne pouvions tirer aucun parti de notre attache politique avec lui.

Obligés de nous adresser à la France, nous devions payer des droits d'entrée souvent exorbitants pour alimenter nos fabriques, et lorsque nous avions produit des draps, de la soie ou des cotonnades, nous ne pouvions les exporter sans payer de nouveaux droits de sortie.

Nos industries en étaient donc réduites à écouler leurs produits sur les seuls marchés de la Savoie ; mais là encore ils se trouvaient en concurrence, soit avec les marchandises françaises dont l'État favorisait l'exportation au moyen d'une prime équivalant aux droits payés à la douane sarde, soit avec les contrebandes suisses qui nous arrivaient par la zône.

Dans ces conditions, l'industrie était condamnée d'avance à végéter dans un milieu qui ne lui présentait aucune chance de succès, et la plupart des essais tentés pour changer cet état de choses n'ont abouti qu'à la ruine de leurs auteurs.

L'annexion a peu modifié les conditions primitives de l'industrie savoisienne, nos rares fabriques opéraient sur une trop petite échelle et se trouvaient trop mal outillées pour soutenir la concurrence créée par le traité de commerce avec l'Angleterre; aussi la plupart d'entre elles ont disparu.

Il ressort de ce qui précède que les industries qui transforment les produits agricoles sont peu nombreuses et sans importance.

On rencontre des meuneries sur tous les points de la Savoie; quelques-unes opèrent sur une grande échelle, et cependant elles fournissent à peine à la consommation locale.

M. Ract, de Sainte-Hélène du Lac, est le seul agriculteur qui fasse de l'agriculture industrielle. Sa distillerie, après avoir produit des alcools de betteraves et de céréales, opère aujourd'hui sur le maïs en grain ; sous le régime sarde, cette distillerie donnait un hectolitre d'alcool par jour ; les entraves apportées à cette industrie par les exigences de la régie en ont dès lors diminué l'importance.

On trouve chez nous un grand nombre de magnaneries où l'on fait de petites éducations de vers à soie ; cette production a beaucoup diminué depuis l'invasion de la gatine et des autres maladies qui en ont compromis le succès.

Le climat du département de la Savoie est beaucoup plus favorable à la culture du mûrier que celui de la Haute-Savoie ; les arrondissements d'Annecy et de Thonon sont les seuls où l'on fasse quelques éducations de vers à soie.

On comptait anciennement un assez grand nombre de filatures de soie; celles de MM. Rey, de la Rochette, Vernaz, de Myans, Salomon, de Saint-Genix d'Aoste, et Martin-Francklin, de Chambéry, existent seules aujourd'hui; c'est avec les produits de cette dernière filature que se fabriquent les gazes de Chambéry, qui ont une réputation européenne.

Les filatures de moindre importance ont disparu, par suite de la concurrence que leur ont créée les grands établissements de l'Isère, du Rhône et de l'Ain.

L'exploitation des bois de noyer pour l'ébénisterie et surtout celle des essences résineuses de nos montagnes ont multiplié les scieries le long de nos cours d'eau; elles débitent des quantités considérables de bois de service dont la majeure partie s'exporte en Suisse et dans les départements qui nous avoisinent.

EXPORTATIONS.

Les deux départements de la Savoie s'offrent à eux-mêmes des débouchés pour la plus grande partie de leurs produits agricoles.

Dans les années d'abondance, la Savoie dispose d'une certaine quantité de céréales, de menus grains, de vin, de fruits et autres denrées alimentaires.

Quand la récolte donne des résultats moyens, elle se suffit à elle-même; lorsque la récolte est mauvaise, elle est obligée d'importer pour subvenir à la consommation de sa nombreuse population, qui atteint un habitant par hectare cultivé.

En général, les exportations et les importations des denrées alimentaires, prises sur une période prolongée, se compensent.

Les exportations agricoles permanentes de la Savoie consistent en fromages, en bétail, bêtes à cornes et mulets, en une petite quantité de soie grége, en bois d'ébénisterie et de construction.

Il n'est pas possible, avec les documents que nous possédons aujourd'hui, d'apprécier d'une manière exacte la valeur des exportations annuelles des deux Savoie ; mais, en réunissant les évaluations en argent de la production du département de la Savoie, qui arrive, d'après la statistique officielle, à 51 millions, à celle de la Haute-Savoie, qui est de 60 millions, on trouve que notre avoir agricole brut est en moyenne de 111 millions par an.

Si l'on distrait la moitié de ce total pour les frais de production et 10 millions environ pour l'exportation, les deux Savoie auraient à consommer ou à capitaliser annuellement 46 millions. C'est avec ces ressources que le petit propriétaire, qui touche, outre le produit net, la majeure partie des frais de culture, réalise des économies qui lui permettent de devenir l'acheteur le plus empressé de la terre.

CHARGES DE LA PROPRIÉTÉ FONCIÈRE.

Les charges de la propriété foncière ont subi, en Savoie comme ailleurs, une progression, qui a sa raison d'être dans les améliorations apportées aux conditions primitives du régime du sol.

En remontant à 1792, on trouve dans Verneilh le chiffre des impositions directes que payait l'ancien Duché de Savoie ; elles s'élevaient, y compris 300,000 livres de dîmes, à 1,536,110 livres anciennes de Piémont, correspondant à 1,817,218 francs de notre monnaie.

En 1851, les contributions directes étaient de

Fr. 2,306,632 »

En 1860, de...................... 4,073,221 »

En 1870, de...................... 4,770,683 »

La propriété foncière n'a pas été seule à subir cet accroissement de charges, et, pour en suivre la progression réelle, il est nécessaire de l'isoler.

Si nous prélevons des contributions directes de 1792 l'impôt sur les viandes et les bénéfices sur les loteries, formant un total de 32,948 francs, le surplus, soit 1,784,270 francs, pesait exclusivement sur les propriétaires du sol.

D'après M. Despine[1], le principal de la contribution foncière était, en 1851, de 823,619 francs ; les centimes additionnels affectés aux besoins des communes et des provinces, de 1,235,428 francs 50 centimes ; ensemble, 2,059,047 francs 50 centimes.

M. Victor de Saint-Genis établit[2] qu'en 1860 le principal de la contribution foncière était, pour les deux Savoie,
de............................. Fr. 1,906,792 58
et les centimes additionnels de........ 797,839 35

formant un total de.................. 2,704,631 93

Enfin, en 1870, le principal de la contribution foncière a été fixé, pour le département de la Savoie, à

Fr. 597,985 »

pour celui de la Haute-Savoie, à....... 528,950 »
et les centimes additionnels, à........ 1,701,671 85

Ensemble... 2,828,606 85

---

[1] *Rapport sur le cadastre, lu à la Chambre des députés de Turin le 26 mai 1852.*

[2] *Dix années d'administration française en Savoie,* ouvrage inédit.

D'après ces données, les charges du sol se seraient progressivement accrues

de 1792 à 1851, de............. Fr.   274,777 50
de 1851 à 1860, de................   645,584 43
de 1860 à 1870, de................   123,974 92

Total...   1,044,336 85

correspondant à une augmentation de 59 p. % sur l'impôt foncier payé en 1792.

Cette différence considérable se trouve, en général, compensée par l'élévation du revenu primitif des terres et, comme conséquence, par leur plus value qui, dans cette période de quatre-vingts ans, s'est plus que doublée.

Aujourd'hui l'impôt foncier représente le 10 p. % du revenu net des terres, dans tous les arrondissements de la Savoie, à l'exception de ceux de Saint-Jean de Maurienne et de Moûtiers, où il absorbe, d'après les dépositions de l'enquête agricole, le tiers du produit net.

REVENUS ET PRIX DES TERRES.

Si l'on devait apprécier la richesse d'un pays d'après la valeur de la terre, d'après l'intérêt, dont on se contente, des capitaux employés à son acquisition, peu de départements seraient plus fortunés que les nôtres.

L'hectare de pré, de vigne, de terre à chanvre, s'y vend de 4 à 6,000 francs ; l'hectare de terre labourable, de 2,500 à 5,000 francs ; les pâturages, de 50 à 1,000 francs ; les bois, de 250 à 2,500 francs.

Le fermage représente rarement plus du 2 au 3 p. 0/0 du prix d'acquisition, et cependant la location s'abaisse rarement au-dessous de 60 francs l'hectare et s'élève souvent au-dessus de 200 francs.

Aujourd'hui le prix de la terre n'est plus soutenu par l'élément qui a contribué à le former ; ce n'est plus le riche qui achète. Le faible revenu du sol est insuffisant pour satisfaire aux exigences du bien-être matériel qui semble une nécessité du moment ; le haut prix qu'elle atteint est le fait du cultivateur qui aspire, à son tour, à la propriété et qui n'a foi qu'en elle.

La terre a tout à gagner à ce changement, car nul ne cultive mieux que celui qui doit jouir, sans partage, du prix de ses peines. Cet état de choses aura pour conséquence de fixer plus que jamais au sol nos populations rurales et d'augmenter, si c'est possible, leur attachement à la patrie ; car, comme l'a si bien dit Auguste Bella, l'illustre fondateur de Grignon, « le sol, c'est la patrie. Améliorer l'un, c'est servir l'autre. »

CHAPITRE X

Les lauréats des primes d'honneur des deux départements de la Savoie.

La Savoie, devenue française, a été appelée à prendre part aux luttes agricoles établies depuis 1856 dans les autres départements.

La Savoie et la Haute-Savoie ont été réunies au Jura, à l'Ain, au Rhône, à la Loire, à Saône-et-Loire et à l'Allier, formant la région agricole de l'Est.

En 1862, parut le programme ministériel, invitant les agriculteurs du département de la Savoie à faire connaître leurs titres à la prime d'honneur régionale, offerte à celui dont l'exploitation serait la mieux dirigée et qui aurait réalisé les améliorations les plus utiles.

Sur quatorze concurrents qui se sont présentés, douze ont reçu des récompenses plus ou moins élevées; ceux qui se sont le plus rapprochés de la prime d'honneur sont MM. Fleury-Lacoste, de Cruet; Berthet, de Sainte-Hélène du Lac; Millioz, des Echelles; Montagnole, du Montcel; et Charles-Emmanuel Sylvoz, de Saint-Jeoire, que nous retrouverons lauréat de l'un des concours culturaux de 1870.

La grande prime régionale, comprenant une somme de 5,000 francs et une coupe d'honneur de 3,000 francs, fut décernée au domaine de Montmeillerat sur Sainte-Hélène du Lac, appartenant à M. Henri Ract [1].

---

[1] Voir le rapport publié dans le *Bulletin annuel de la Société centrale d'agriculture de 1865*, pages 179 et suivantes.

En 1865, la Haute-Savoie était appelée, à son tour, à faire connaître les agriculteurs qui pouvaient aspirer à cette haute distinction.

Dans ce département, la commission ministérielle s'est trouvée en présence de concurrents nombreux d'un mérite exceptionnel ; aussi le jury a pu regretter de n'avoir pas à décerner quatre primes d'honneur, au lieu de quatre grandes médailles d'or, à MM. Pommier frères, d'Annecy ; Jacquemod, de Chapéry ; de Saussure, de Beaune, et Demôle, de Bossey.

Les préférences de la commission ont été pour M. Chautemps Marie, de Valeiry, canton de Saint-Julien, auquel la prime d'honneur de 8,000 francs a été décernée comme réunissant à un plus haut point les conditions déterminées par le programme[1].

LA PRIME D'HONNEUR ET LES PRIX CULTURAUX EN 1870.

Le département de la Savoie a été le premier de la région où l'on a appliqué le nouveau système de répartition des prix culturaux.

De 1857 à 1869, le jury appelé à juger le mérite des concurrents n'avait qu'une seule récompense à décerner. Pour obtenir la prime d'honneur, il fallait être fermier ou cultiver directement ou par régisseur son propre domaine.

Bien qu'on n'exigeât pas des concurrents une contenance culturale fixée à l'avance, l'importance de la récompense offerte éloignait du concours, outre les métayers, toutes les exploitations qui ne rentraient pas dans la grande

---

[1] Voir le *Rapport sur le concours régional d'Annecy*, publié à l'imprimerie Charles Burdet en 1865, pages 47 et suivantes.

ou la moyenne propriété; la petite culture se trouvait ainsi exclue de cette récompense enviée.

Pour combler cette lacune et donner satisfaction à tous les intérêts agricoles, M. le ministre de l'agriculture décida qu'à partir de 1870 on décernerait simultanément quatre prix culturaux et une prime d'honneur, et que tout concurrent ayant obtenu un prix cultural serait, par le fait, sur les rangs pour concourir à la prime d'honneur, consistant en une coupe d'argent de la valeur de 3,500 fr.

La nouvelle organisation a conservé au jury la faculté de décerner des médailles d'or ou d'argent aux concurrents qui se seraient signalés par des travaux exceptionnels, tels que des drainages, des reboisements, des irrigations, des créations de vignobles, de prairies, par des constructions spéciales ou par l'élevage ou l'entretien d'animaux reproducteurs.

Jusqu'à 1868, les rapports des jurys étaient publiés par les organes les plus accrédités de la presse agricole; l'administration de l'agriculture s'est réservé dès lors ce soin.

Ce travail n'étant pas imprimé au moment où nous achevons cette histoire de l'agriculture, nous croyons devoir donner une appréciation succincte du mérite des lauréats qui ont obtenu des primes au Concours régional de 1870.

M. Charles Sylvoz, président du Comice agricole de Chambéry, a mérité, pour son domaine de Favraz, commune de Saint-Jeoire, le prix cultural attribué aux propriétaires faisant valoir directement un domaine de plus de vingt hectares. Ce prix consiste en un objet d'art de 500 fr. et une somme de 2,000 fr.; 500 fr. et des médailles sont, en outre, distribués aux agents de l'exploitation primée.

M. Sylvoz, qui a obtenu cette haute récompense, est le doyen des agriculteurs de l'arrondissement de Chambéry. Les premiers travaux qui le signalaient à l'attention du jury remontent à une date ancienne, et depuis vingt ans ses plantations fruitières, ses drainages, ses créations de vignes et de treillages, et surtout la transformation de son domaine de Pré-Ramé, ont attiré sur lui l'attention de tous les amis de l'agriculture progressive.

L'un des premiers, M. Sylvoz a introduit dans ses domaines les meilleurs instruments de culture ; depuis longtemps ses étables sont peuplées d'animaux de la race de Tarentaise, dont les types primitifs ont été tirés de la vallée du Bourg-Saint-Maurice.

Déjà, en 1863, le jury décernait à M. Sylvoz une grande médaille d'or ; en 1865, M. Dubreuil, l'éminent arboriculteur, dans un article des plus élogieux pour M. Sylvoz, donnait pour type de la culture des treillages ses plantations de Pré-Ramé et consacrait un long travail à indiquer le système de taille qu'elles exigent ; en 1868, le jury de la Société centrale d'agriculture de la Savoie lui attribuait pour ce même domaine la prime d'honneur départementale de 800 fr.

M. Sylvoz, dans sa longue carrière agricole, ne s'est pas contenté de prêcher d'exemple ; comme président du Comice de Chambéry depuis sa création en 1861, comme membre de la Société centrale, il a encouragé toutes les améliorations agricoles, et nul plus que lui n'a su captiver l'attention des cultivateurs, qui le considèrent comme leur meilleur conseiller. Aussi la prime culturale qui lui a été décernée a-t-elle reçu le meilleur accueil des véritables amis de l'agriculture.

La seconde catégorie de prix culturaux offerts aux fermiers, aux cultivateurs-propriétaires tenant à ferme une partie de leurs terres, aux métayers isolés cultivant une propriété de plus de vingt hectares, n'a pas présenté de concurrents.

M. LE BARON D'ALEXANDRY a obtenu le prix cultural réservé aux propriétaires exploitant plusieurs domaines par métayers, consistant en une somme de 2,000 fr. à répartir entre les métayers ; le jury lui a décerné, en outre, la coupe d'honneur.

M. d'Alexandry possède d'importants domaines sur les communes de Villard-d'Héry et de Coise ; il en a pris la direction au décès de son père.

Depuis cette époque déjà reculée, il a essayé de régénérer ces propriétés et, on peut le dire, il en a opéré la complète transformation.

De vieux bâtiments couverts en chaume ont été reconstruits et appropriés à leur nouvelle destination ; des bois sans valeur se sont convertis en prairies artificielles ; les parties basses, le fond des vallons où il était possible de concentrer, de réunir les eaux, ont été semées en prairies naturelles ; les champs où il était convenable de planter de la vigne, ont été défoncés, puis garnis de treillages.

A mesure que les prairies s'étendaient, M. d'Alexandry remplaçait le bétail ancien et l'augmentait ; enfin, pour hâter ces améliorations, il consacrait annuellement d'importantes sommes d'argent à l'acquisition d'engrais.

Ce n'est qu'après avoir opéré la transformation complète de son ancien patrimoine, que M. d'Alexandry a constitué sur de nouvelles bases les fermages et les métayages que le jury est allé visiter.

Ces améliorations ont nécessité l'avance d'un capital de

plus de 60,000 fr., qui se trouve largement compensé par une augmentation progressive du revenu primitif de la propriété.

Ce sont ces améliorations, c'est l'exemple donné par M. le baron d'Alexandry, que le jury a voulu récompenser, en décernant à ses métayers une prime culturale de 2,000 fr., et en lui attribuant à lui-même la coupe d'honneur régionale.

Le programme des prix culturaux de la quatrième catégorie offrait un prix de 600 fr. et un objet d'art de 200 fr. aux métayers isolés, aux petits cultivateurs, aux propriétaires ou fermiers de domaines au-dessus de cinq hectares et de moins de vingt; c'est M. HEURTEUR PÈRE qui l'a mérité pour son domaine de la Grand'Maison en Maurienne.

M. Heurteur avait anciennement un relais de poste à la Grand'Maison; l'habitation se trouvait environnée de terres sans valeur, de délaissés caillouteux, distraits du lit de la rivière par la chaussée de la route royale de Chambéry à Turin.

L'aspect désolé de ces terres, la possibilité de les rendre à la culture par le colmatage, en utilisant les eaux chargées de détritus de l'Arc, déterminèrent M. Heurteur à entreprendre les travaux nécessaires à son amélioration, et, après bien des peines, il se trouva à la tête d'un fort beau domaine.

Aujourd'hui, grâce aux travaux de drainage qui préservent les cultures des infiltrations de la rivière, grâce à l'abondance des engrais qu'on leur a consacrés, grâce à l'assolement améliorant adopté, le domaine de la Grand'Maison se trouve dans un état de fécondité exceptionnelle, qui a motivé la décision du jury.

Signalons, en terminant, les grandes médailles d'or

décernées à M. Landre aîné, maire de Saint-Beron, pour le bon état et le bon choix de son bétail ; à M. Martin jeune, d'Albertville, pour la création de son domaine de Gilly par le colmatage des grèves de l'Isère ; à M. Pachoud, fermier du domaine du Bettonet, pour ses belles créations de vignes ; à M. Henri Gojon, de Francin, pour sa culture de vigne à la charrue.

Les récompenses décernées, tous les six ans, par M. le Ministre de l'agriculture aux lauréats des primes d'honneur, ne sont pas les seuls encouragements donnés aux agriculteurs de la Savoie ; les sociétés départementales de Chambéry et d'Annecy, les comices d'arrondissements, mettent annuellement au concours de nombreuses récompenses honorifiques et pécuniaires qui signalent à l'attention publique les améliorations réalisées, les résultats obtenus dans chacune des exploitations primées.

Les concours régionaux ont leur place marquée à côté des primes d'honneur.

Dans ces grandes exhibitions agricoles, qui se renouvellent périodiquement, la Savoie a toujours occupé un rang distingué.

A Moulins, à Roanne, à Mâcon, à Bourg, à Lons-le-Saulnier, comme à Chambéry et à Annecy, nos éleveurs ont obtenu un grand nombre de médailles d'or et d'argent, accompagnées de primes pécuniaires pour des sommes qui se sont souvent élevées à plus de cinq à six mille francs.

Ces résultats ne sont pas les seuls que nous aient procurés les concours régionaux : les nombreux visiteurs qui s'y rendent ont appris à connaître notre bétail, et dès lors nos marchés sont fréquentés par des acheteurs étrangers qui nous enlèvent, à des prix avantageux, les animaux dont nous pouvons disposer.

C'est encore dans les concours régionaux que nos agriculteurs ont vu les diverses races qui peuplent les départements de la région, les races étrangères perfectionnées importées d'Angleterre.

C'est, enfin, dans ces réunions, que nos laboureurs ont appris à connaître et ont vu marcher les instruments perfectionnés et économiques qui font tout à fait défaut chez nous, et certes ce n'est pas le moindre service qu'ils aient rendu à notre agriculture.

CHAPITRE XI

Améliorations et progrès agricoles réalisés en Savoie jusqu'à ce jour.

Les deux Savoie, avec leur population compacte, intelligente et laborieuse, ont marché et continuent à avancer dans la voie du progrès agricole.

Ce progrès n'est cependant pas le résultat du développement de l'instruction agricole des classes rurales, qui se trouve chez nous, comme dans la plupart des départements français, à l'état de création.

Le progrès qui se fait remarquer est dû aux efforts des Comices et des Sociétés d'agriculture, aux encouragements donnés par les propriétaires à leurs fermiers, à leurs métayers et surtout aux exemples que les propriétaires-cultivateurs ont mis sous les yeux des habitants de nos campagnes.

Le manque de centre industriel de quelque importance, le peu d'extension des terres arables, la densité des bras disponibles, ont aussi contribué à ce résultat en faisant de l'agriculture l'unique ressource de nos populations rurales.

Ces conditions exceptionnelles ont dû faire adopter un système de culture qui tire de chaque hectare le plus de substance alimentaire ; aussi la culture intensive, qui est l'accumulation sur une surface donnée de beaucoup de travail et de capitaux, s'y est développée sur une grande échelle et le sol y reçoit de fortes avances en main-d'œuvre et en engrais.

L'exiguïté de nos exploitations, eu égard au personnel qui les cultive, explique le peu de progrès réalisés dans la construction de nos charrues et la perfection de nos instruments de main-d'œuvre; c'est, en effet, avec ces derniers qu'on opère les travaux qui ont pour but de défoncer le sol pour augmenter la profondeur de la couche arable.

Les capitaux dont disposaient anciennement les habitants de nos campagnes se sont sensiblement accrus; mais, au lieu de les consacrer, comme cela se pratique dans les pays de moyenne et de grande culture, à étendre les fermages, nos cultivateurs les emploient à acquérir des terres, seul placement auquel ils aient confiance. Cet amour de la propriété a fait de rapides progrès depuis 1851; d'après M. Despine, le nombre de cotes foncières était, à cette époque, de 175,750; elles se sont élevées, en 1865, à 231,838. Les mutations de propriétés ont donc créé, en quatorze ans, 56,000 cotes nouvelles.

Les améliorations d'un ordre général, exécutées dans les deux départements de la Savoie, qui méritent d'être signalées, portent sur le reboisement et l'aménagement des forêts, sur les défrichements, les assainissements et les drainages, sur les irrigations, sur l'extension des prairies artificielles et des plantes sarclées, enfin sur le développement donné à la culture de la vigne; nous dirons un mot de chacune de ces améliorations.

REBOISEMENT ET AMÉNAGEMENT DES FORÊTS.

C'est surtout depuis l'annexion de la Savoie à la France que nos forêts ont attiré l'attention des hommes spéciaux chargés de leur conservation. Trop longtemps le manque de surveillance avait introduit de nombreux abus dans l'exploitation de nos bois ; ils auraient eu les plus graves conséquences s'ils s'étaient continués.

On avait négligé le reboisement des lieux escarpés, des flancs des montagnes, des mamelons isolés ; sur certains points, la terre végétale, entraînée dans les vallées, avait frappé de stérilité des surfaces considérables; les forêts manquaient de chemins d'accès, les troupeaux les parcouraient à tout âge et leurs dents meurtrières détruisaient les jeunes pousses ; les coupes des taillis étaient trop rapprochées et le balivage insuffisant ; enfin, on entrait dans les bois des communes à toutes les époques de l'année, sans s'inquiéter si ces coupes intempestives ne frapperaient pas les souches de stérilité.

En moins de dix ans, on a regarni, au moyen de semis ou de plantations partielles, des centaines d'hectares; des gazonnements, des barrages, des digues, préservent les vallons des corrosions des eaux torrentielles qui descendent des montagnes ; des chemins à pente uniforme permettent l'accès des bois aux attelages. Par une active surveillance, on est arrivé à limiter le pâturage des forêts, sans cependant porter atteinte aux intérêts des communes. Enfin, on a régularisé les coupes et assuré leur repeuplement.

Dans un avenir prochain, les ressources forestières des deux Savoie assureront pour longtemps l'affouage de nos populations et enrichiront les communes qui les possèdent. Sans doute, cette œuvre de reconstitution n'est pas achevée, elle se continue ; mais l'administration forestière, qui en si peu de temps a obtenu d'aussi beaux résultats, a des titres assurés à notre reconnaissance.

DÉFRICHEMENTS.

La Savoie est, sur bien des points, resserrée dans un cercle de bois, de montagnes, de torrents et de riviéres ; les habitants y manquent de terre cultivée ; le défrichement était un moyen de leur en fournir, on y a eu recours. En peu de temps, on a converti à la culture de vastes étendues de friches, de terres vagues, situées au pied des montagnes et des coteaux.

Ces améliorations se sont opérées au prix de travaux considérables : il a fallu débarrasser le sol des roches descendues des montagnes, qui le recouvraient ; on a dû arracher les broussailles et les genèts, défoncer la terre à la main à une profondeur suffisante, puis l'épierrer avant de la cultiver.

Ces défrichements ont généralement donné de bons résultats, et ces terres improductives, dont la vue attristait le pays, ont été converties en cultures, en prairies artificielles et même en vignes.

Ces améliorations sont de véritables conquêtes, qui honorent les personnes qui en ont pris l'initiative.

ASSAINISSEMENT DES MARAIS.

Anciennement on rencontrait dans nos montagnes, au bas des vallons, le long des rivières, de nombreux marécages inondés pendant une partie de l'année, qui ne produisaient que des joncs, des roseaux ou des foins de mauvaise qualité.

Ces marais, alimentés par des sources et les eaux pluviales réunies dans des bas-fonds à sous-sol imperméable, occupaient improductivement de grandes superficies et viciaient l'air à certaines époques de l'année.

L'État, les départements, les communes et les intéressés ont contribué à rendre à la culture une partie de ces marécages.

Les plus considérables de ces travaux dans le département de la Savoie sont l'endiguement de l'Isère et de l'Arc, la canalisation du Gelon, le desséchement des marais des Marches et de Francin, de ceux du Grand-Barberaz et de Triviers, de Sonnaz, de Méry et du Viviers.

Dans la Haute-Savoie, on doit signaler l'endiguement de l'Arve et du Rhône, le desséchement des marais d'Épagny et quelques autres de moindre importance.

L'assainissement de ces marais a occasionné des dépenses considérables, et si les résultats n'ont pas été partout aussi satisfaisants qu'on aurait pu l'espérer, on doit l'attribuer en grande partie à l'impatience des propriétaires, qui, d'une part, ont négligé d'entretenir les canaux d'écoulement à leur charge et, de l'autre, ont mis trop vite en culture des terrains tourbeux auxquels il manquait l'élément calcaire.

Tous les marais de la Savoie ne sont pas encore desséchés; il en est même qui, alimentés par des eaux courantes, peuvent être conservés sans inconvénients pour la santé publique. La litière d'excellente qualité, qu'ils fournissent en abondance, remplace la paille employée à nourrir le bétail pendant l'hiver.

DRAINAGES.

Les travaux de drainage partiel par empierrement ont été, de tout temps, une nécessité de nos cultures.

Depuis qu'on a préconisé ce système d'assainissement, depuis qu'on en a fait l'objet d'études sérieuses, on a créé en Savoie des fabriques de tuyaux en terre cuite, et des travaux assez importants ont été entrepris sous la conduite de draineurs expérimentés et sous celle des ingénieurs hydrauliques des deux départements de la Savoie.

Ces exemples partiels n'ont pas été perdus : aux drainages irréguliers ont succédé des travaux d'ensemble, étudiés avec soin, qui ont donné les meilleurs résultats.

On n'a point abandonné le drainage par empierrement, qui est un moyen économique de se débarrasser des roches ou des galets qui souvent encombrent la culture ; mais on pratique dans le fond une coulisse ou canal couvert en tuyaux de terre cuite, en pierres sèches ou en bois de vernes, et aujourd'hui nulle amélioration agricole de quelque importance ne s'exécute sans qu'elle soit précédée d'un drainage, si la nature du sous-sol le rend nécessaire.

Les drainages à fossés couverts, jugés insuffisants dans les terrains tufacés, tourbeux et marécageux, ont été remplacés par des canaux d'assainissement à ciel ouvert ; on a pu, par ce moyen, mettre en culture des superficies assez considérables que la permanence de l'eau rendait stériles.

IRRIGATIONS.

L'irrigation est facile dans un pays comme le nôtre, où la plaine est l'exception. Tous les terrains ayant une pente plus ou moins forte, on peut dériver les eaux qui descendent des montagnes et, selon la quantité dont on dispose, les déverser en nappe, les utiliser par reprise ou rafraîchir les racines par infiltration au moyen de rigoles de niveau.

Des progrès considérables ont été réalisés en Savoie dans les travaux d'irrigation des prairies naturelles, mais souvent ces irrigations commencent trop tôt ou se pro-

longent trop longtemps; on ne tient pas assez compte de
la nature des eaux pour les arrosages d'hiver; celles de
source seules peuvent être utilisées pendant la durée des
neiges et des gelées.

L'irrigation, dans ses applications, emprunte ses élé-
ments pratiques à la physique et à la chimie; l'observation
prolongée remplace partiellement la connaissance de ces
sciences : mais, lorsque les études agricoles auront pénétré dans nos écoles primaires, nos agriculteurs pourront
se rendre compte de l'influence de la qualité des eaux, de
leur effet utile et de la convenance qu'il peut y avoir à
les répandre à une époque plutôt qu'à une autre.

CULTURES SARCLÉES, FOURRAGES ARTIFICIELS.

Parmi les améliorations qui se sont produites en Savoie,
nous avons signalé l'extension de la culture des racines et
des fourrages artificiels.

Sous l'influence des nécessités qu'engendre la prédomi-
nance de la petite culture, les assolements alternes se sont
généralisés en Savoie; la culture des racines destinées à la
nourriture de l'homme en a été la conséquence.

Malheureusement, le peu d'étendue de nos domaines
ne permet pas d'attribuer au bétail une assez large part
dans la consommation de ces racines, et la quantité de
pommes de terre, de betteraves et de navets qu'on leur
destine n'est pas en rapport avec le nombre de têtes de
bétail qu'on nourrit.

Les prairies artificielles, au contraire, occupent, comme nous l'avons dit ailleurs, plus de 45,000 hectares, nous
n'y reviendrons pas ; nous constaterons cependant que

cette étendue déjà considérable n'est pas encore suffisante, car on ne doit pas perdre de vue que la Savoie est surtout un pays d'élevage et que, pour accroître notre richesse agricole, nous devons travailler à perfectionner nos races, à augmenter le nombre de têtes de nos troupeaux.

Si à ces améliorations, qui se signalent spécialement à notre attention, nous ajoutons l'abandon à peu près général de la jachère pour lui substituer l'alternat des récoltes ; le développement donné à la culture de la vigne, les soins mieux entendus dont elle est l'objet ; l'accroissement progressif de la qualité et du nombre de nos animaux domestiques ; l'importance que l'on attache à augmenter les engrais dont on dispose et à les mieux traiter ; les perfectionnements apportés à l'installation des constructions rurales ; enfin le désir, le besoin d'instruction qui se manifeste dans nos classes rurales, on se convaincra de l'importance du chemin parcouru depuis que les conditions de travail ont changé par l'extension des libertés politiques et commerciales. Car, comme le dit avec tant de vérité Jean-Jacques Rousseau, « la terre offre son sein fertile aux peuples qui la cultivent pour eux-mêmes, elle semble sourire et s'animer au doux spectacle de la liberté, elle n'est ingrate que pour les esclaves. »

Les progrès réalisés jusqu'à ce jour en Savoie sont bien faits pour nous inspirer un légitime orgueil et nous donner les meilleures espérances pour l'avenir ; mais, pour conduire à bonne fin les améliorations dont notre sol est susceptible ; pour que la production acquierre cette puissance qui brave tous les obstacles ; pour que la culture améliorante, qui est la source la plus féconde de la production à bon marché, s'implante partout en Savoie, il faut que la liberté commerciale ne rencontre plus d'obstacles.

Sans doute, nous sommes loin de l'époque où l'Etat et les municipalités fixaient arbitrairement le prix des denrées alimentaires et en défendaient, à leur gré, l'exportation ; mais nous avons encore des cordons de douane qui augmentent le prix de nos vêtements et de nos instruments aratoires, qui gênent la sortie de nos denrées et de nos bestiaux.

Nous avons, dans les villes, des octrois qui frappent surtout les produits agricoles.

Nous avons enfin la régie qui impose de si lourdes charges à nos vins et tant d'entraves à leur circulation.

On voit que l'agriculture est loin de jouir des libertés que nous jugeons indispensables à sa prospérité ; aussi formerons-nous le vœu, en terminant, que l'article 1er de la loi du 28 septembre 1791 reçoive au plus tôt son application et que « le territoire de la France, dans toute son étendue, soit libre comme les personnes qui l'habitent. »

TABLE

—

LIVRE III

L'agriculture de la Savoie depuis 1815.

LIVRE IV

L'agriculture des deux départements de la Savoie dans son état actuel.

141

4610. — CHAMBÉRY, IMPRIMERIE DE F. PUTHOD, RUE DU VERNEY.